CHARLES EMMANUEL

A B C D
ASTRONOMIQUE

TRAITÉ ÉLÉMENTAIRE

Prix : 2 fr. 50 c.

PARIS
LIBRAIRIE INTERNATIONALE
15, BOULEVARD MONTMARTRE

A. LACROIX, VERBOECKHOVEN & Ce, ÉDITEURS
A Bruxelles, à Leipzig et à Livourne

1867

ABCD

ASTRONOMIQUE

PARIS. — IMPRIMERIE POITEVIN, RUE DAMIETTE, 2 ET 4

CHARLES EMMANUEL

A B C D
ASTRONOMIQUE

TRAITÉ ÉLÉMENTAIRE

Prix : 2 fr. 50 cent.

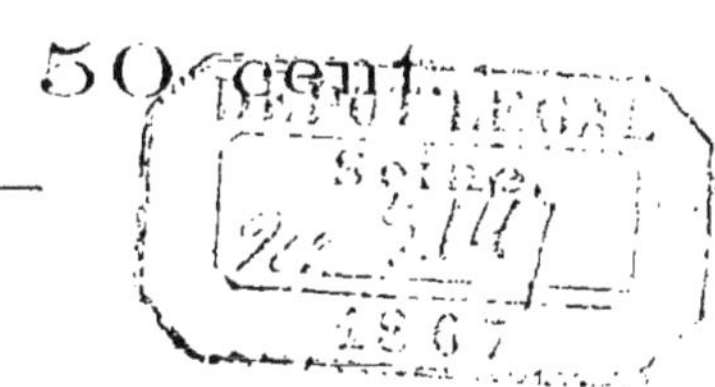

PARIS
LIBRAIRIE INTERNATIONALE
15, BOULEVARD MONTMARTRE

A. LACROIX, VERBOECKHOVEN & Cie, ÉDITEURS
A Bruxelles, à Leipzig et à Livourne

1867

AVANT-PROPOS

La partie matérielle de l'appareil se compose d'un disque mobile qui tourne librement sur un pivot central, au sein d'un cercle fixe et gradué qui l'enveloppe et le soutient de toutes parts.

Sur la surface du disque mobile sont projetées la sphère terrestre et la sphère céleste qui se meuvent ainsi, tout d'une pièce, sous les divisions du cercle gradué.

Les fils attachés au centre facilitent beaucoup la lecture.

En cela consiste tout le mécanisme d'un

instrument qui, avec une promptitude sans exemple, fait l'office des globes plus ou moins coûteux et autres appareils compliqués dont on se sert aujourd'hui. Souvent même il donne la solution immédiate des problèmes les plus ardus qui, sans lui, nécessiteraient l'emploi du calcul.

Un disque mobile, un cercle immobile et quelques fils indicateurs ; il n'en faut pas davantage pour qu'une seule et même figure puisse se prêter à toutes les exigences de l'enseignement, dans une science admirable que chacun voudrait connaître mais dont l'étude abstraite épouvante ou rebute la plupart des curieux.

A ce point de vue, l'*Alphabet astronomique* est quelque chose de plus simple et de plus utile encore que l'*Observatoire portatif*, si favorablement accueilli par le public, si manifestement approuvé par l'Académie des sciences le jour [1] où un juge compétent, M. Faye, n'a pas craint de dire devant elle : « *Avec le nouvel* « *instrument on pourra désormais apprendre*

[1] Séance du 25 janvier 1864.

« *sans peine en huit jours ce qu'on apprenait*
« *autrefois très-difficilement en huit mois.*

L'Alphabet astronomique sera-t-il aussi bien reçu que son devancier? Il y a lieu de le croire, si l'on en juge par les services qu'il a déjà rendus dans le cours d'Astronomie populaire que la Société Polytechnique m'avait chargé de faire aux ouvriers du onzième arrondissement. Le succès a été aussi complet que rapide ; il m'a valu de hautes approbations et des remercîments affectueux dont je garde le souvenir. Il ne manque plus qu'une chose, l'assentiment du public; ce n'est jamais sans crainte qu'un auteur se demande s'il aura le bonheur de l'obtenir.

ALPHABET
ASTRONOMIQUE

PREMIÈRE PARTIE

DESCRIPTION

La petite sphère centrale, de teinte bistrée, représente la terre avec ses *parallèles* et ses *méridiens*, c'est-à-dire avec ses cercles de latitude et ses cercles de longitude.

La grande sphère, de nuance bleue, est l'image du ciel avec ses *parallèles de déclinaison* et ses cercles d'*ascension droite* ou cercles horaires.

1*

L'ÉQUATEUR, L'ÉCLIPTIQUE ET LES DEUX TROPIQUES

Quatre lignes, plus fortement accentuées que les autres, appellent surtout l'attention. Ce sont celles qui figurent l'Équateur, l'Écliptique, le tropique du Cancer et le tropique du Capricorne.

I. L'Équateur céleste B E est le prolongement dans le ciel de l'équateur terrestre *b e*. Autour de son axe P P' et perpendiculairement à cet axe, le ciel tout entier accomplit d'orient en occident sa révolution diurne qui n'est qu'apparente. Cette fausse apparence a pour cause le mouvement réel de rotation que la terre exécute elle-même autour du petit axe *p p'* en un jour, d'occident en orient.

II. L'Écliptique A D, inclinée de 23 degrés 28 minutes sur l'équateur est le grand cercle oblique que, par suite de la révolution annuelle de la terre, le Soleil semble parcourir, d'occident en orient, dans l'intervalle de trois cent soixante-cinq jours un quart.

En réalité l'Écliptique, ainsi nommé parce que c'est dans son plan que se font les éclipses, est la projection dans le ciel de l'orbite que la terre parcourt en un an autour du soleil, d'orient en occident.

Comme les deux mouvements apparents du soleil, les deux mouvements réels de la terre ont donc, l'un par rapport à l'autre, une direction opposée.

III. Le tropique du Cancer C D est le parallèle que le Soleil décrit le jour du solstice d'été. Le Soleil est alors, pour nous, au-dessus de l'Équateur B E, à une distance angulaire de 23 degrés et demi. Il est arrivé en D sur l'Écliptique A D, et les deux points colorés 2 et 1 marquent la route apparente que le mouvement diurne lui fait suivre ce jour-là sur le parallèle tropical C D.

IV. Le tropique du Capricorne A F est le cercle diurne que le soleil décrit en apparence le jour du solstice d'hiver. A cette époque le soleil a atteint sa plus grande déclinaison australe; il est venu se placer en A sur l'Écliptique, à une distance de 23 degrés et demi au-dessous de l'Équateur.

ÉQUINOXES

On donne le nom d'*équinoxes* aux deux points, où le Soleil, en parcourant le cercle oblique de l'Écliptique, vient rencontrer le plan de l'Équateur.

I. Le signe du bélier ♈ indique l'équinoxe du printemps ou le point vernal. Le cercle diurne que décrit alors le Soleil est l'Équateur lui-même.

II. Le signe de la balance ♎ indique l'équinoxe d'automne ou le point automnal. Le cercle diurne que le Soleil décrit, à ce moment-là, est encore l'Équateur.

SAISONS

Ces quatre positions différentes du Soleil déterminent les quatre saisons de l'année.

Le printemps commence lorsque le Soleil est au point vernal ♈. A cette époque, 20 ou 21 mars, le jour est égal à la nuit.

La saison d'été s'ouvre quand le Soleil est parvenu au point solsticial D, le 21 ou le 22 juin. Sous notre latitude, le jour est de seize heures et la nuit de huit heures seulement.

L'automne commence lorsque le soleil est revenu sur l'Équateur au point automnal ♎, le 22 ou le 23 septembre. Le jour est de nouveau égal à la nuit.

La saison d'hiver s'annonce, toujours au point de vue astronomique, quand le Soleil, au plus bas de sa course annuelle, rencontre le point solsticial A, le 21 ou le 22 décembre. Pour nous, le jour est de huit heures seulement et la nuit dure seize heures.

CERCLES POLAIRES

Les deux petits parallèles G K, M N sont les cercles polaires. Ils indiquent deux latitudes remarquables où, suivant la saison, le soleil, se montre ou disparaît pendant vingt-quatre heures.

G K, est le cercle polaire boréal.

M N, est le cercle polaire austral.

LES TROIS ZONES TERRESTRES

Les deux tropiques et les deux cercles polaires de la sphère céleste correspondent aux trois zones de la terre.

I. La zone torride est comprise entre les deux tropiques *c d*, *o f*. Elle renferme tous les pays où le Soleil s'élève à 90 degrés au-dessus de l'horizon, c'est-à-dire jusqu'au zénith de l'observateur.

II. La zone tempérée, pour les habitants de l'hémisphère boréal, est comprise entre le tropique du Cancer *c d* et le cercle polaire *g k*. Elle renferme tous les pays où le soleil n'atteint pas le zénith, mais où il ne descend jamais au-dessous de l'horizon.

III. La zone glaciale, pour les habitants de notre hémisphère, est comprise entre le petit cercle polaire *g k* et le pôle *p* de la terre. Les jours et les nuits, d'après la saison, y dépassent vingt-quatre heures; ils vont toujours en augmentant avec la latitude jusqu'au pôle, où le jour est de six mois pendant l'été et la nuit également de six mois pendant l'hiver.

IV. La zone tempérée, dans l'hémisphère austral, est renfermée entre le tropique du Capricorne *a f* et le cercle polaire *m n*.

V. La zone glaciale, dans ce même hémisphère, est comprise entre le cercle polaire *m n* et le pôle *p'* de la terre.

GRANDES DIVISIONS DE LA SPHÈRE CÉLESTE

L'Équateur et l'Écliptique sont, comme on l'a déjà vu, deux grands cercles de la sphère qui ont une importance à part; le premier au point de vue du mouvement diurne, le second au point de vue du mouvement annuel. Il faut y joindre le grand cercle de l'Horizon et le grand cercle du Méridien, également indispensables pour déterminer la position des astres.

I. L'Horizon *h h'* divise la sphère en deux parties

égales ou, ce qui est la même chose, en deux hémisphères, l'un supérieur et visible, l'autre inférieur et invisible.

II. Le Méridien *h* Z *h'* N *h* divise le ciel en deux hémisphères, l'un oriental, l'autre occidental. Perpendiculaire à l'Équateur et à l'Horizon, le cercle du Méridien a pour trace sur la terre une ligne qui va du *nord* au *sud* et qui se nomme la *méridienne*. Les deux autres points cardinaux, *est* et *ouest*, sont à angle droit sur cette ligne.

Les astres ont atteint leur plus grande hauteur au-dessus de l'horizon lorsque, dans le cours du mouvement diurne, ils passent au Méridien. Il est donc midi au moment où le Soleil vient se placer dans le plan de ce grand cercle qui contient à la fois les pôles de l'Équateur et les pôles de l'horizon.

En un mot, le Méridien est le grand cercle qui coupe en deux parties égales les cercles diurnes de tous les astres.

III. L'Équateur BE divise le ciel en deux hémisphères, l'un boréal, l'autre austral.

Il a pour axe la ligne droite PP'. L'extrémité P de cet axe est le pôle nord, celui que nous voyons; l'extrémité P' est le pôle sud qui nous est caché.

Les pôles de l'Équateur sont les deux seuls points du ciel qui ne bougent jamais. Autour d'eux s'accomplit en un jour la révolution apparente de la sphère céleste tout entière, dans une direction opposée au mouvement de rotation de la terre.

IV. L'Écliptique AD qui divise aussi le ciel en deux

hémisphères, a pour axe une ligne $g\ n$, perpendiculaire au plan de ce grand cercle. Le point g est le pôle nord de l'Écliptique, le point n est son pôle sud.

Étant incliné de 23 degrés 28 minutes sur l'Équateur qui tourne toujours dans un même plan perpendiculaire à l'axe PP', l'Écliptique a un mouvement oscillatoire sur l'horizon qui, en 12 heures, le fait passer de la position AD à la position CF. Par suite, son pôle boréal g, le seul visible pour nous, vient au bout de 12 heures se placer en k, après avoir décrit la moitié du petit parallèle $g\ k$.

V. L'horizon lui-même, sans cesse dérangé par le mouvement de rotation de la terre, a un balancement dans l'espace, dont il sera parlé plus tard.

VI. Le demi-cercle C R D, divisé en 24 parties égales, mérite une mention à part. Il représente le tropique du Cancer C D rabattu sur l'horizon et, grâce à cette circonstance, il donne la mesure du plus long et du plus petit jour de l'année pour toutes les latitudes comprises entre 0 degré et 66 degrés inclusivement.

MOUVEMENTS RÉELS

Par ce qui précède, on vient de voir que l'étude de l'Astronomie peut et doit se faire à deux points de vue différents, selon qu'on envisage la réalité ou l'apparence.

Trompés par les *mouvements apparents* qui ne sont que la conséquence des *mouvements réels*, nos yeux nous disent que la terre est immobile.

Éclairée par l'observation des faits, la raison nous démontre que la terre se meut dans l'espace et qu'elle a, comme toutes les autres planètes, un double mouvement de rotation et de translation. De nombreuses preuves l'établissent, il suffira d'en citer ici quelques-unes.

I. Si la terre tourne sur elle-même, la pierre qui tombe doit dévier dans sa chute, et dévier d'autant plus qu'elle tombe d'une hauteur plus grande. C'est ce qui arrive.

Si la rotation terrestre s'effectue d'*occident* en *orient*, la pierre qui tombe, animée dès son point de départ d'une vitesse plus grande que la vitesse de la surface de la terre, doit toujours dévier vers l'*est*. C'est ce qui arrive.

Si la terre tourne sur elle-même, le pendule qui oscille librement doit, partout ailleurs qu'à l'Équateur, sortir du plan primitif d'oscillation et dévier dans un sens latéral. Comme les eaux de la mer, il doit avoir un *flux* et un *reflux* qui lui imprime incessamment un mouvement oblique de va-et-vient. C'est encore ce qui arrive.

Donc la terre tourne sur elle-même en un jour, d'*occident* en *orient*. Et c'est son mouvement de rotation qui communique au ciel tout entier l'apparence d'un mouvement diurne dont la direction, nécessairement opposée, a lieu d'*orient* en *occident*.

II. Si la terre se transporte en un an autour du soleil, les mouvements des planètes ne seront pas vus par nous de la même manière que si la terre était immobile. La mobilité de notre observation nous fera voir sous une forme désordonnée les mouvements réguliers que ces planètes accomplissent autour du soleil.

Elles sembleront aller tantôt dans un sens, tantôt dans un autre; elles paraîtront même s'arrêter un moment, pour recommencer de nouvelles rétrogradations et de nouvelles stations apparentes. C'est ce qui arrive.

L'endroit du ciel où se produiront ces stations et ces rétrogadations apparentes sera toujours déterminé par la position qu'occupe la terre en ce moment. C'est ce qui arrive.

Leur nombre et leur date seront toujours en rapport avec la durée de la révolution de la terre et avec la durée de la révolution de chaque planète. C'est encore ce qui arrive.

Donc la terre a un mouvement annuel de translation autour du Soleil.

III. En supposant la terre immobile, la géométrie la plus savante n'est jamais arrivée et n'arrivera jamais, même en violant les lois de la physique, à donner une explication satisfaisante des mouvements bizarres et capricieux qu'auraient alors les planètes. Tandis que les apparences sont mathématiquement ce qu'elles doivent être, s'il est vrai que la terre est une planète comme toutes les autres, qui se transporte en un an autour du soleil, relativement immobile.

L'observation le prouve, une expérience qui n'a rien d'irréalisable pourrait également le démontrer.

Dans une plaine dont le contour circulaire laisse voir l'horizon, supposons que, par une belle nuit d'été, on ait fait venir six petites machines à vapeur qui vont représenter la terre et les cinq planètes visibles à l'œil nu. Ces locomotives sont placées, les unes par rapport aux autres, à des distances plus ou moins grandes, mais qui sont entre elles comme les distances des planètes au Soleil ; elles tournent autour du centre de la plaine avec des vitesses aussi petites que possible, mais qui sont entre elles comme les vitesses des planètes.

Eh bien, montez vous-même dans la troisième locomotive, celle qui représente la terre. Avec le secours d'une lunette et d'un cercle gradué, tracez sur le papier le dessin de tous les mouvements qui passeront sous vos yeux. Vous aurez alors la représentation exacte des courbes irrégulières et désordonnées que les planètes paraissent décrire dans le ciel.

Vous êtes bien sûr que tous les véhicules se transportent dans le même sens autour de la sphère que vous avez placée au centre de la plaine ; et cependant, pour vous, chaque locomotive va tantôt dans un sens, tantôt dans un autre, et, entre les deux directions contraires, il y a un moment où elle s'arrête. Les rétrogadations ont d'autant plus d'étendue que la locomotive observée est plus près de vous : les rétrogadations de la sixième, qui représente Saturne, sont peu sensibles; tandis que les rétrogadations de la quatrième, qui figure Mars, sont très-fortement accentuées. Il ne peut pas en être autrement : l'observatoire d'où vous contemplez ces mobiles qui ont une marche régulière, est en mouvement lui-même ; ce qui change à chaque instant leur projection dans le ciel.

Cela est si vrai que, au moment même où ces apparences singulières vous étonnent, un autre observateur placé au centre de la plaine ne voit rien que de très-naturel et de très-régulier. A ses yeux, tous les véhicules, le vôtre comme les autres, circulent dans le même sens, avec des vitesses différentes qui dépendent de la distance.

C'est qu'étant immobile et situé au centre même de tous les mouvements, il aperçoit les choses telles qu'elles se passent en réalité, et comme on les voit du Soleil, si cet astre est habité.

Superflue pour les astronomes, cette expérience ne serait ni sans attrait ni sans utilité pour le public. Elle lui permettrait de vérifier lui-même en peu de temps les résultats que la science n'a obtenus qu'après des siècles d'observation. Elle offrirait enfin de nombreuses ressources qu'il serait trop long d'énumérer en ce moment.

COUP D'ŒIL HISTORIQUE

Maintenant que nous savons que la terre se meut sur elle-même et dans l'espace, il nous semble naturel de faire passer l'étude des mouvements réels avant l'étude des mouvements apparents, ou, tout au moins, de ne pas isoler deux points de vue qui sont inséparables.

En a-t-il toujours été ainsi? A cette question l'histoire répond par de cruels enseignements.

Dupe des apparences et s'obstinant à ne pas voir la réalité, l'homme a d'abord préféré le témoignage des sens au témoignage de la raison. De ce qu'il ne la voyait pas bouger, il a conclu que la terre était immobile. Parce qu'elle lui paraissait beaucoup plus grosse que tous les autres astres, il en a fait le centre immobile de l'univers. Il ne comprenait pas que si la terre nous paraît immense, c'est parce que nous rampons à sa surface. Et puis, en la grandissant outre mesure, il croyait se grandir lui-même; ça flattait sa vanité.

En tout temps, il est vrai, il y eut des partisans du

mouvement de la terre, mais en trop petit nombre pour faire triompher la vérité. Ce fut en pure perte que Thalès, Pythagore et plusieurs de leurs disciples essayèrent de désabuser les Grecs ; quand il se sentait près d'être vaincu, le préjugé en appelait à la violence, il assommait ses contradicteurs. Comme les modernes, les anciens ont eu leur Galilée ; témoin ce pauvre *Aristarque de Samos*, dont le nom est à peine connu aujourd'hui, et qui mourut pour avoir trop bien prouvé ce qu'il avançait. Dans la personne de ce grand astronome, que ne fit pas reculer la vue du supplice, la théorie du mouvement de la terre fut condamnée comme étant *impie et attentatoire au repos des dieux Lares*. Ptolémée érigea l'erreur en système. Pour en finir avec elle, il ne fallut rien moins que les efforts des Copernic, des Képler, des Descartes, des Galilée, des Newton, le secours du télescope, et aussi le secours de l'imprimerie, cette merveilleuse découverte qui propage toutes les idées vraies ou fausses, mais qui ne consacre, qui n'éternise que celles qui sont vraies.

Aujourd'hui le triomphe est complet. La science a prononcé une sentence définitive et sans appel, comme tout ce qui repose sur la démonstration mathématique de la vérité.

Le jour où il a reconnu que sa demeure occupe une bien petite place au sein de l'espace infini, l'homme ne s'est pas rapetissé. Tant s'en faut, car c'est en mesurant les dimensions de la terre et celles des autres corps de l'univers que l'esprit humain a le plus hautement affirmé sa puissance et sa grandeur.

FIGURE COMPLÉMENTAIRE

Dans le but de mieux faire comprendre les deux mouvements réels de la terre, nous avons placé au-dessous de l'appareil un petit dessin qui montre pour ainsi dire les choses en place.

1. En S est le Soleil avec son équateur V V' et son axe de rotation RR', car le Soleil, lui aussi, tourne sur lui-même, et la durée de son mouvement dans rotation est de vingt-cinq jours et demi. On croit, en outre, qu'il a un mouvement de translation dans l'espace autour d'un autre soleil peut-être. Dans ce cas, il entraînerait la terre et toutes les autres planètes avec lui.

Képler pensait, et quelques astronomes commencent à admettre aujourd'hui que la rotation du Soleil engendre une force impulsive qui entretient le mouvement des planètes autour du centre de cet astre; mouvement que tant d'autres causes devraient altérer à la longue, s'il n'était sans cesse ravivé par l'impulsion d'un moteur central.

Ce qu'il y a de certain, c'est que la terre, comme toutes les autres planètes, circule autour du Soleil dans le sens où cet astre tourne sur lui-même, et que les planètes parcourent des orbites dont le plan est peu incliné sur l'équateur du Soleil. Quelques petites planètes télescopiques, Pallas entre autres, font seules exception à la règle.

Quant à la terre, le plan de son orbite *u u'* n'est incliné que de 7 degrés sur l'équateur solaire *v v'*, ainsi que le fait voir le petit angle *u s v*.

II. Tout en accomplissant sa révolution annuelle sur une orbite dont le plan fait un angle de 7 degrés avec l'équateur du Soleil, la terre tourne en un jour autour de son axe *p p'* qui reste toujours parallèle à lui-même. C'est ce parallélisme constant de l'axe terrestre *p p'* qui produit l'inégalité du jour et la grande variété des saisons.

Le corps éclairant étant en S, la séparation de l'ombre et de la lumière est indiquée par le cercle *o o'*, toujours perpendiculaire au plan de l'orbitre terrestre *u u'*. Dès lors, quand la terre est en 1, le pôle terrestre *p* et le cercle polaire boréal tout entier sont dans la lumière. Le Soleil qui se trouve alors au-dessus du tropique du Cancer *cd*, est beaucoup plus près du pôle boréal *p* que du pôle austral *p'*. Les habitants de notre hémisphère ont l'été.

Au contraire, quand la terre est en 2, le pôle *p* et le cercle polaire boréal tout entier sont dans l'ombre. Le Soleil, qui se trouve au-dessus du tropique du Capricorne *a f*, est beaucoup plus loin du pôle boréal *p* que du pôle austral *p'*. Nous sommes alors dans l'hiver et les habitants de l'autre hémisphère ont l'été.

Allant ainsi d'un tropique à l'autre, le Soleil passe nécessairement au-dessus de l'Équateur terrestre *b e*. Il y a donc deux positions intermédiaires où il se trouve à égale distance des deux pôles, alors en contact tous les deux avec la limite qui sépare l'ombre de la lumière. Ces deux positions intermédiaires dont la représentation, d'ailleurs superflue, aurait pris trop de place, correspondent à l'équinoxe du printemps et à l'équinoxe d'automne.

On verra, en outre, que l'appareil peut représenter les mouvements réels aussi bien que les mouvements apparents. Il suffit d'intervertir les rôles en faisant décrire le cercle oblique A D par la terre et en plaçant le Soleil au centre de la sphère.

CLAVIER ASTRONOMIQUE

Enfin, sous ce titre, le lecteur trouvera dans la troisième partie du livre un exposé rapide des lois qui régissent le système planétaire. Il y trouvera également un petit calcul qui ne sera pas sans lui causer une surprise agréable peut-être. Avec le secours de ce calcul qui a la simplicité d'une règle de proportion, le premier venu peut vérifier lui-même l'exactitude des lois auxquelles obéissent les astres, et, au besoin, annoncer d'avance en combien de temps une planète nouvellement découverte doit accomplir sa révolution autour du Soleil.

Quant à ceux que tout calcul épouvante, si simple qu'il soit, ils seront libres de s'en tenir provisoirement à la lecture de l'Alphabet. Ils auront encore de quoi s'instruire.

PROPRIÉTÉS DE L'INSTRUMENT

Dans les conditions que nous avons décrites, l'appareil se prête à des manœuvres aussi nombreuses que rapides. Sans avoir besoin du secours de la lunette, il enregistre les résultats de l'observation avec une précision mathématique. Par une vue d'ensemble, il reproduit successivement l'aspect du ciel sous toutes les latitudes, au choix de qui veut s'instruire. En d'autres termes, il amène, tour à tour, sous les yeux du lecteur les différents tableaux que celui-ci se propose d'étudier, et chaque tableau renferme les indications voulues.

C'est donc un véritable A B C D où l'on apprend vite à lire les éléments de l'Astronomie. C'est un dictionnaire cosmographique, toujours ouvert, où l'on trouve tous les genres de renseignements indispensables, tels que :

Les coordonnées géographiques, pour la latitude et la longitude ;

Les coordonnées célestes au triple point de vue de l'Horizon, de l'Équateur, et de l'Écliptique, c'est-à-dire les hauteurs et les azimuts, les déclinaisons et les ascensions droites, les latitudes et les longitudes célestes ;

Les régions du ciel qui correspondent aux différentes zones de la terre ;

Les trois positions de la sphère, *droite, parallèle* ou *oblique* avec tous leurs détails ;

L'arc céleste qui mesure directement la latitude géographique, toujours égale à la hauteur du pôle ;

Les différentes hauteur du soleil en chaque saison de l'année ;

L'étendue des plus longs et des plus petits jours à l'époque des solstices ;

Les zones de perpétuelle apparition et de perpétuelle occultation, que mesure un arc de cercle, égal à deux fois la latitude ;

Le mouvement oscillatoire de l'Horizon, dont le balancement en douze heures est mesuré par un arc égal à deux fois le complément de la latitude ;

La mesure du mouvement oscillatoire de l'Écliptique qui se renverse sur l'Horizon dans la même intervalle de temps, et dont le balancement est égal à deux fois l'obliquité de l'Écliptique sur l'Équateur ;

Les deux mouvements apparents du soleil et les deux mouvements réels de la terre ;

Le plan de l'Écliptique qui sert à mesurer l'inclinaison des orbites de toutes les planètes sur le plan fondamental de l'Équateur du soleil;

En un mot, tous les renseignements nécessaires, souvent même des renseignements d'un ordre supérieur d'où se dégage immédiatement la solution d'un problème difficile ou la révélation d'une loi qui autrement passerait inaperçue. Il y a même cela de remarquable qu'il suffit qu'une demande soit faite pour que l'instrument donne sans délai la réponse.

Afin de le prouver, prenons deux exemples, l'un très-simple et l'autre très-difficile; dans les deux cas, le problème sera résolu aussitôt qu'énoncé.

1. On veut savoir quelle est la latitude d'un lieu sur l'horizon duquel la hauteur de l'équateur céleste est de 41 degrés.

Amenez le point E de l'équateur BE sous la quarante et unième division de cercle gradué, à la hauteur *h'*E, au-dessus de l'horizon *hh'*, à droite. Si vous faites passer un fil par le point *t* de la terre et par le zénith Z, vous voyez tout de suite que l'arc EZ qui mesure directement la latitude terrestre *e t* est de 49 degrés. Telle est la latitude demandée.

Remarquons en passant que c'est également la hauteur du pôle P de l'équateur céleste BE au-dessus du point *h* de l'horizon *hh'*, à gauche. D'où il suit que la hauteur du pôle est égale à la latitude.

Mais les 41 degrés qui mesurent la hauteur *h'* E de

l'équateur, ajoutés aux 49 degrés qui mesurent la latitude EZ, font 90 degrés ou un angle droit. Donc la hauteur de l'Équateur est le complément de la latitude.

Enfin, l'arc PZ qui détermine la distance du pôle P au zénith Z est de 41 degrés comme l'arc *h'*E qui marque la hauteur de l'équateur au-dessus de l'horizon. Donc la distance zénithale du pôle est aussi le complément de la latitude.

Et comment avons-nous appris tout cela? En réalisant ce que la question posée nous indiquait elle-même, quand on demandait la latitude d'un lieu où l'équateur est élevé de 41 degrés au-dessus de l'horizon.

II. Quelle est la latitude d'un lieu où, à un moment du jour, l'Écliptique vient coïncider avec l'horizon?

Cette fois le problème est loin d'être simple, et il faudrait du temps au géomètre pour le résoudre par le calcul. Avec l'appareil, il est déjà résolu, si nous avons bien écouté.

Faisons ce que la demande nous indique, amenons en coïncidence avec l'horizon *hh'* le grand cercle oblique AD qui représente l'Écliptique. Que voyons-nous alors? Nous voyons que la hauteur du pôle P au-dessus du point *h'* de l'horizon est de 66 degrés et demi, c'est la latitude demandée.

Cette fois encore, nous avons donc la preuve que la demande implique immédiatement la réponse. Il n'en sera jamais autrement.

MANŒUVRE

Rien de plus simple, comme on vient de le voir.

Quelle que soit la position du disque mobile par rapport au cercle gradué, l'appareil représente l'état du ciel sous une latitude quelconque; et cette latitude est déterminée par la hauteur du pôle au-dessus de l'horizon. Pour transporter l'observateur sous le ciel d'un lieu donné, il suffit donc de poser le doigt sur la petite saillie qui surmonte le pôle P et d'amener ce pôle à la hauteur qui correspond à la latitude du lieu d'où l'on veut voir la sphère céleste. En cela consiste toute la manœuvre.

Un seul et même horizon sert ainsi pour tous les lieux de la terre. Le pôle P, une fois placé à la hauteur voulue au-dessus du point *h* de l'horizon, il ne reste plus qu'à lire sur le cercle gradué les résultats de l'opération qu'on vient de faire soi-même. Tous les cercles de la sphère sont à leur vraie place dans le ciel, vu de l'endroit de la terre qu'on a choisi. Cette solution si heureuse n'est obtenue, il est vrai, qu'en supposant un seul horizon immobile, ce qui n'est pas, mais ce qui ne présente aucun inconvénient lorsqu'on donne un correctif à la supposition. Deux exemples nouveaux vont le montrer.

I. Soit un premier observateur, placé au pôle nord de la terre en *p*, sous la latitude de 90 degrés. Pour cet observateur, le pôle P est au zénith Z et l'équateur céleste B E se confond avec l'horizon *hh'*.

II. Soit un second observateur placé sur l'équateur terrestre en *e*, sous une latitude 0 degré. Celui-là voit le ciel dans une position tout à fait opposée, il a au-dessus de sa tête ce que l'autre a au-dessous de ses pieds. Pour lui, l'équateur est au zénith et les deux pôles sont couchés sur l'horizon.

A ce compte, il faudrait deux figures différentes pour représenter l'aspect de la sphère céleste sous ces deux latitudes extrêmes. En un mot, il faudrait autant de dessins qu'il y a de latitudes sur la terre; ce qui serait loin de simplifier le travail. Grâce à Dieu, il y a un moyen bien simple de remédier à cet inconvénient et de faire servir la même figure à toutes les représentations possibles Il suffit pour cela d'immobiliser l'horizon et d'amener tour à tour les différents points de la terre sous le zénith fixe de cet horizon immobile, en faisant tourner tout d'une pièce la sphère terrestre et la sphère céleste.

Tel est l'artifice qui a permis de construire le nouvel appareil. Aux faits dont la reproduction matérielle aurait exigé le secours de plusieurs instruments de prix, ont été substituées deux fictions, qui se contredisent et qui se compensent. Le but est d'autant mieux atteint que, dans la nature, l'observateur occupe toujours une position verticale sur son horizon que cette circonstance lui fait croire immobile. Dans la manœuvre de l'appareil, les choses se passent donc exactement de la même manière que si, après avoir dessiné un tableau à part pour chaque latitude différente, nous avions pris soin de redresser le tableau.

Maintenant que nous connaissons la manœuvre de l'appareil, nous n'aurons plus de peine à nous rendre familiers les éléments de la Cosmographie et de l'Astronomie.

DEUXIÈME PARTIE

LATITUDE GÉOGRAPHIQUE

I. La latitude d'un lieu est la distance qui le sépare de l'équateur terrestre *b e*. Elle se compte sur le méridien de 0 degré à 90 degrés, en partant de l'équateur où la latitude est nulle jusqu'au pôle où elle est aussi grande que possible.

Nous avons déjà vu que l'appareil nous offre le moyen de mesurer la latitude géographique par l'arc céleste qu'elle sous-tend sur le cercle gradué. Vérifions le fait pour un lieu situé en *t* sur le parallèle terrestre *tt'* et dont la tatitude *te*, nous le savons, est de 49 degrés.

Il faut avant tout amener l'observateur sous le zénith. Dans ce but, plaçons en Z l'extrémité de l'un des fils attachés au centre, et faisons tourner le disque mobile jusqu'à ce que le lieu *t* vienne se placer sous le fil, dans l'alignement de la verticale. Les circonférences des cercles étant toujours entre elles comme les rayons, nous voyons alors que le grand arc E Z et le petit arc *te* mesurent tous les deux le même angle au centre. Nous pouvons donc remplacer l'un par l'autre, et prendre, pour la mesure angulaire de la latitude terrestre *te*, les 49 degrés qu'embrasse l'arc céleste E Z. Ce que confirme d'ailleurs la hauteur *h* P du pôle, qui est également de 49 degrés.

II. Maintenant voulons-nous connaître la grandeur réelle de l'arc de latitude *te* qui indique la distance du lieu à l'Équateur, il nous suffira de savoir (voyez p. 54) que le globe terrestre a 10 mille lieues de tour. A ce compte chaque degré vaut 27 lieues 7 dixièmes. Multipliant par 27.7 les 49 degrés de l'arc E Z, nous trouvons que la distance qui sépare le point *t* de l'Équateur *e*, est de 1,393 lieues de 4,000 mètres chacune. C'est, à peu de chose près, la latitude de Paris, laquelle ne compte que 48 degrés 50 minutes 14 secondes.

III La latitude est boréale ou australe, suivant que le lieu est éloigné de l'Équateur dans la direction du nord ou dans la direction du sud. La latitude de Paris est donc boréale.

IV. Tous les lieux situés sur le même parallèle ont même latitude, comme étant également éloignés de l'Équateur. D'où il suit que chaque parallèle est un cercle de latitude.

Avant de parler de la longitude, occupons-nous de la hauteur du pôle qui a une importance à part.

HAUTEUR DU POLE

LA HAUTEUR DU POLE EST ÉGALE A LA LATITUDE DU LIEU DE L'OBSERVATEUR

1. Pour le démontrer sur l'appareil, prenons d'abord une latitude de 90 degrés, celle que nous aurions si nous étions en *p*, au pôle boréal de la terre, à la plus grande distance possible de l'Équateur *b e*. Le pôle céleste P est au zénith sous la lettre Z, l'Équateur BE coïncide avec l'horizon *hh'*; l'arc *h* P mesure la hauteur du pôle au-dessus de l'horizon et l'arc E Z détermine la latitude terrestre *pe*. Dans ce cas, il est évident que la hauteur du pôle est égale à la latitude, puisque les deux arcs *h* P, E Z ont chacun 90 degrés.

Transportons-nous maintenant en *t*, à une latitude de 49 degrés et amenons le point *t* sous le zénith. Cette fois encore la hauteur du pôle est égale à la latitude, car l'arc *h* P qui mesure cette hauteur est de 49 degrés comme l'arc E Z qui détermine la nouvelle latitude *te*.

Pouvait-il en être autrement? non. En venant se placer à 49 degrés du zénith, le point E de l'Équateur céleste a dû s'élever de 41 degrés au-dessus du point *h'* de l'horizon. Dès lors le pôle P qui est toujours à 90 degrés de l'Équateur, a dû, lui aussi, se déplacer de 41 degrés; ce qui l'a amené à une hauteur de 49 degrés au-dessus de ce grand cercle. Autant l'Équateur s'élève d'un côté, autant le pôle s'abaisse de l'autre, et réciproquement. D'où il résulte que la distance du pôle à l'horizon est égale à la distance de l'Équateur au Zénith.

Prenez sur l'appareil toute autre latitude, depuis 0 degré jusqu'à 90 degrés, et vous verrez que toujours les deux arcs *h* P, E Z seront aussi grands l'un que l'autre.

Donc, la hauteur du pôle est égale à la latitude.

II. Sans le secours des chiffres, la géométrie démontre une fois pour toutes cette vérité fondamentale.

Soit O le centre de la sphère, l'angle *h* O P et l'angle P O Z réunis ensemble forment un angle droit. En effet la somme de ces deux angles est comprise entre les deux côtés *h* O, P O qui sont perpendiculaires, puisque l'un est l'axe de l'horizon et l'autre l'horizon lui-même.

D'un autre côté le même angle P O Z et l'angle Z O E réunis ensemble forment un angle droit. En effet leur somme est comprise entre les deux côtés P O, E O qui sont perpendiculaires, puisque l'un est l'axe de l'Équateur et l'autre l'Équateur lui-même.

D'où il résulte que la somme des deux angles *h* O P, P O Z est égale à la somme des deux angles Z O E, P O Z.

Mais si de deux sommes égales, on retranche la même quantité, les restes seront égaux. Retranchant donc l'angle commun P O Z qui figure dans les deux membres de l'équation $hOP + POZ = ZOE + POZ$, on obtient $hOP - POZ = ZOE - POZ$ et, après réduction, $hOP = ZOE$. En d'autres termes, les deux angles restants sont égaux. Le premier de ces angles mesure la hauteur du pôle et le second mesure la latitude; donc la hauteur du pôle est égale à la latitude. Ce qu'il fallait démontrer.

III. Un raisonnement plus simple encore démontre cette vérité fondamentale. En effet, les deux angles

h O P, Z O E sont égaux par ce seul fait qu'ils ont tous les deux pour complément le même angle P O Z.

IV. Cet angle P O Z, qui marque la distance du pôle au zénith, est égale à l'angle h' O E qui indique la distance de l'Équateur à l'horizon. Donc la distance zénithale du pôle est égale à la hauteur de l'Équateur au-dessus de l'horizon.

LONGITUDE GÉOGRAPHIQUE

I. La longitude d'un lieu est la distance qui existe entre son méridien et un autre méridien pris pour origine. Elle se compte sur l'Équateur de 0 degré à 180 degrés, soit vers l'est, soit vers l'ouest.

Les petites dimensions de la sphère centrale qui représente le globe terrestre n'ayant pas permis d'y inscrire un assez grand nombre de méridiens, remplaçons-la pour un moment par la sphère qui l'entoure et qui est beaucoup plus grande. Cette substitution est sans inconvénient, car les cercles de la sphère céleste ne sont pas autre chose que les cercles de la sphère terrestre indéfiniment prolongés dans le ciel.

II. Tous les méridiens sont des grands cercles, perpendiculaires à l'Équateur et venant aboutir aux deux pôles.

On n'en voit que 12 sur la figure, mais chaque méridien se partageant en deux demi-cercles, nous avons en réalité 24 méridiens également espacés de 15 en 15 degrés et qui correspondent aux 24 heures du jour. Cela suffit pour les besoins de la démonstration. On pourrait d'ailleurs inscrire au-dessus et au-dessous de l'équateur une double rangée de chiffres qui serviraient à mesurer les longitudes intermédiaires.

Les peuples civilisés n'ayant pas encore pu s'entendre sur le choix d'un premier méridien, chacun d'eux place l'origine des longitudes dans sa propre capitale. Complication regrettable qui multiplie inutilement les calculs.

III. Quoi qu'il en soit, prenons pour point de départ le demi-cercle P K D E F N P' qui sera, je suppose, le méridien de Paris, et cherchons la longitude d'un lieu situé en 1 sur le parallèle C D. Ce lieu aura une longitude occidentale de 60 degrés, car il se trouve sur le quatrième méridien à l'ouest de Paris, et, réunis ensemble, les quatre espaces intermédiaires, qui sont chacun de 15 degrés, donnent 4 fois 15 ou 60.

En calculant ainsi et sans le secours d'une graduation écrite, on voit que la longitude du point 2, situé sur le même parallèle à la rencontre du neuvième méridien est de 135 degrés, toujours à l'ouest. En effet, 9 fois 15 font 135.

IV. Chaque espace de 15 degrés étant franchi en une heure pendant le cours du mouvement diurne, on peut indifféremment exprimer la longitude en degrés ou en temps. Le moment où il est midi dans un lieu avance quand la longitude est orientale et retarde quand elle est occidentale.

V. Tous les lieux situés sur un même méridien ont même longitude, comme tous les lieux situés sur un même parallèle ont même latitude.

Les méridiens sont donc des cercles de longitude, tandis que les parallèles sont des cercles de latitude.

On ne change pas de longitude en marchant toujours sur le même méridien ; on ne change pas de latitude en marchant toujours sur le même parallèle.

VI. Les deux coordonnées de la latitude et de la longitude sont indispensables mais suffisantes pour déterminer la position d'un lieu sur la terre. En effet, tout lieu se trouve nécessairement situé à la fois sur un parallèle et sur un méridien, c'est-à-dire à leur point de rencontre.

CIEL DE L'OBSERVATEUR

Si l'appareil représente fidèlement l'aspect de la sphère céleste vue d'un lieu où nous ne sommes pas, à plus forte raison doit-il reproduire l'image du ciel sous la latitude du lieu où nous sommes. Il y a même cela de nouveau que tous les cercles de l'appareil coïncideront avec les cercles célestes, aussitôt qu'il sera orienté.

Que faut-il pour cela ?

I. Il faut d'abord le placer verticalement sur sa tranche inférieure, de telle manière que la ligne *hh'* devienne réellement parallèle à l'horizon du lieu.

II. Il faut ensuite amener cette ligne *hh'* dans le plan du méridien, de telle façon que le point *h* soit tourné au nord et que le point *h'* soit au sud Alors la ligne *hh'* devient elle-même la *méridienne* du lieu; méridienne qui s'obtient facilement de différentes manières, soit avec le secours du cadran solaire, soit à l'aide de la boussole dont les deux aiguilles se dirigent constamment, l'une vers le nord, l'autre vers le sud, avec une déviation qui varie suivant les latitudes, mais qui est relativement constante pour un même endroit. A Paris, dont la latitude est de 48 degrés 50 minutes, la déviation de la boussole est de 20 degrés, à l'occident.

III. Dans ces conditions, la lettre Z se trouve vraiment au zénith, la lettre N au nadir ; et, le pôle P étant à la hauteur voulue au-dessus de l'horizon, l'instrument, pour ainsi dire vissé dans le ciel, est pour l'observateur un guide qui ne trompe jamais. Aligné sur la ligne PP', l'œil rencontre immédiatement l'étoile polaire. Aligné sur tel ou tel cercle, l'œil rencontre et parcourt l'Horizon, l'Équateur, les différents parallèles de l'Equateur et, à une heure donnée, l'Ecliptique luimême. Au besoin, le doigt décrit la circonférence des cercles fondamentaux de la sphère céleste, indique les pôles de leurs axes, et avec un peu d'habitude se dirige droit sur les deux équinoxes et sur les deux solstices.

De la sorte, l'observateur apprend bien vite à connaître son ciel. Avec le secours d'une carte céleste, il trouve sans peine les douze signes du Zodiaque, les principales constellations et la place des étoiles marquantes.

LES TROIS POSITIONS DE LA SPHÈRE

Suivant le lieu qu'il occupe sur la terre, l'observateur

voit le ciel sous un aspect différent. Comme c'est toujours l'horizon qui détermine le point de vue, la sphère est dite *parallèle*, si l'observateur est au pôle; *droite*, s'il est à l'Équateur; *oblique*, s'il se trouve dans une situation intermédiaire entre l'Équateur et le pôle. C'est ce qu'on nomme les trois positions de la sphère céleste, qu'il serait plus juste d'appeler les trois positions de l'observateur sur la terre. L'appareil va nous les représenter successivement.

SPHÈRE PARALLÈLE

L'observateur étant en *p* au pôle nord de la terre, sous une latitude de 90 degrés, le pôle céleste P doit être amené en Z, au zénith, c'est-à-dire à sa plus grande hauteur au-dessus de l'horizon. Que voyons-nous alors?

I. l'équateur B E, couché sur l'horizon *h h'*, se confond avec ce grand cercle.

Par suite, l'axe P P' de l'Équateur est perpendiculaire à l'horizon. Le pôle nord P étant au zénith, le pôle sud P' se trouve au nadir. L'hémisphère boréal tout entier est visible; aucune partie de l'hémisphère austral ne peut s'apercevoir.

Mais, quelle que soit la latitude, le mouvement diurne, toujours perpendiculaire à l'axe P P', suit une direction parallèle au plan de l'Équateur. Dans cette position de la sphère, les cercles que le soleil, les étoiles et tous les autres astres paraissent décrire en un jour, sont donc parallèles à l'Horizon qui coïncide avec l'Équateur.

II. Le soleil qui, dans le mouvement annuel, semble

parcourir le grand cercle oblique de l'Écliptique A D, sera pendant six mois au-dessus de l'horizon et pendant six mois au-dessous de ce grand cercle.

D'où il suit qu'au pôle, le jour et la nuit sont de six mois chacun.

En effet, pour aller de l'équinoxe du printemps γ au solstice d'été D, le soleil emploie trois mois et il lui faut trois mois encore pour revenir du solstice d'été à l'équinoxe d'automne ♎. Ce qui fait six mois de jour, pendant lesquels le soleil, toujours au-dessus de l'horizon, décrit successivement les cercles diurnes compris entre l'équateur B E et le tropique du cancer C D. Il lui faut également trois mois pour aller de l'équinoxe d'automne ♎ au solstice d'hiver A, et trois autres mois pour revenir du solstice d'hiver A à l'équinoxe du printemps γ. Ce qui fait six mois de nuit, pendant lesquels le soleil, toujours au-dessous de l'horizon, décrit successivement les cercles diurnes compris entre l'équateur D E et le tropique du Capricorne A F.

A l'équinoxe du printemps, le cercle diurne que décrit le soleil est l'horizon lui-même qui coïncide avec l'équateur. Au solstice d'été, le soleil décrit le tropique du Cancer qui est à la fois parallèle à l'Équateur et à l'horizon. Enfin, à l'équinoxe d'automne, le soleil est revenu sur l'Équateur, c'est-à-dire sur l'Horizon lui-même qu'il décrit de nouveau.

III. Pendant ce temps-là, quelles ont été, à midi, les diverses hauteurs du soleil au-dessus de l'horizon? Le cercle gradué nous fait voir qu'elles ont varié de 0 degré à 23 degrés 26 minutes.

Le jour du solstice d'été, le soleil est en D; sa hauteur méridienne *h'* D est égale à l'obliquité de l'Écliptique. La plus grande hauteur que le soleil puisse atteindre au-dessus de l'horizon pour un observateur placé au pôle est donc de 23 degrés 28 minutes.

IV. Étant simultanés et s'accomplissant avec des directions contraires sur deux plans qui font un angle entre eux, le mouvement diurne et le mouvement annuel du soleil se combinent ensemble. De leur composition résulte un mouvement unique dont l'aspect a quelque chose de bizarre.

Pour s'en faire une idée, il faut imaginer une série de spirales en manière de tire-bouchons, mais avec des pas de vis très-rapprochés les uns des autres et de grandeur immense.

SPHÈRE DROITE

Cette fois, l'observateur est en *e* sur l'Équateur terrestre *b e*; sa latitude est nulle. Le point E de l'Équateur céleste B E doit être amené en Z, sous le zénith. L'aspect du ciel se trouve complétement changé.

I. L'Équateur est perpendiculaire à l'horizon *h h'*, et l'axe P P' coïncide avec ce grand cercle, le pôle nord P étant en *h*, le pôle sud P' étant en *h'*.

Par suite, le mouvement diurne du ciel, toujours parallèle à l'Équateur, suit une direction perpendiculaire au plan de l'horizon.

Une étoile située en *g* sur la sphère parcourt le petit cercle diurne *g k*, tandis qu'une étoile située en B parcourt le grand cercle diurne B E de l'Équateur.

L'observateur voit successivement les deux hémisphères célestes en 24 heures; et, pendant le cours de la nuit, chaque étoile décrit la moitié de son cercle diurne autour du pôle immobile.

II. L'horizon coupant en deux parties égales tous les cerles parallèles à l'Équateur, il y a pendant toute l'année égalité entre le jour et la nuit qui sont l'un et l'autre de 12 heures.

C'est ce qu'indique le demi-cercle rabattu C R D, que la ligne d'horizon *h h'* divise en deux parties égales au point R.

III. Comme toujours, le soleil semble parcourir en un an le cercle oblique de l'Écliptique A D, et il a des hauteurs méridiennes qui sont différentes.

A l'équinoxe du printemps, le soleil rencontre l'équateur au signe du bélier γ. Le cercle diurne qu'il décrit est l'Équateur lui-même, dont tous les points passent tour à tour au zénith. Ce jour-là, 21 mars, le soleil atteint donc à midi sa plus grande hauteur au-dessus de l'horizon. Nous voyons, en effet, sur l'appareil que l'arc céleste *h''* E mesure 90 degrés.

Trois mois après, parvenu en D, au solstice d'été, le soleil décrit le tropique du Cancer C D. Sa hauteur méridienne a diminué de 23 degrés et demi, elle n'est donc plus que de 66 degrés et demi, comme l'indique l'arc *h* D.

A l'équinoxe d'automne, le soleil rencontre de nouveau l'Équateur, au signe de la balance ♎. En décrivant le cercle diurne de l'Équateur, il passe une seconde fois au zénith, avec la hauteur *h'* E de 90 degrés.

Trois mois après le soleil est arrivé en F, au solstice

d'hiver. Il décrit le tropique du Capricorne A F, et sa hauteur h' F n'est plus que de 66 degrés et demi.

En oscillant ainsi d'un tropique à l'autre, le soleil décrit successivement tous les parallèles compris entre les deux solstices, avec des hauteurs inégales, dont la plus grande est de 90 degrés et la plus petite de 66 degrés 32 minutes.

Deux fois en un an, le soleil s'élève jusqu'au zénith et alors aucune ombre ne se projette autour du corps de l'observateur à midi. Après chaque équinoxe, l'ombre commence à se produire, mais avec deux directions différentes; pendant six mois elle se projette vers le sud et pendant six mois vers le nord.

SPHÈRE OBLIQUE

Dans toutes les stations intermédiaires entre le pôle et l'Équateur, la sphère céleste est plus ou moins oblique sur l'horizon. Prenons pour exemple la latitude de 49 degrés qui est presque la nôtre.

La hauteur du pôle étant toujours égale à la latitude, plaçons le pôle boréal P à 49 degrés au-dessus du point h de l'horizon $h\,h'$. Le ciel va nous apparaître tel que le voit un observateur placé en t sur la terre, avec une latitude $t\,e$, dont la mesure est donnée en même temps par la hauteur h P du pôle et par la distance zénithale E Z de l'Équateur.

1. L'Équateur céleste B E est incliné de 41 degrés au-dessous de l'horizon, comme cela doit être puisque sa hauteur h' E, est le complément de sa distance zéni-

thale E Z, et aussi le complément de l'arc *h* P qui détermine à la fois la hauteur du pôle et la latitude.

Comme lui, tous les cercles parallèles à l'Équateur occupent une position oblique. Quelques-uns des plus élevés, tels que le cercle polaire GK, sont tout entiers au-dessus de l'horizon ; d'autres, le tropique du Cancer C D par exemple, sont divisés en deux parties inégales. Seul, l'équateur B E, qui est un grand cercle dont le centre coïncide avec le centre de la sphère, se trouve partagé en deux parties égales.

Le pôle sud P' de l'axe P P' est abaissé de 49 degrés et par conséquent invisible.

Toujours perpendiculaire à l'axe de rotation P P', et par conséquent toujours parallèle au plan de l'Équateur B E, le mouvement diurne de la sphère céleste s'accomplit dans une direction oblique au-dessus de l'horizon *h h'*.

Les étoiles circompolaires, celles qui sont le plus près du pôle P, sont visibles pendant toute la nuit, et les étoiles qui avoisinent le pôle P' ne se voient jamais. Les autres s'élèvent plus ou moins au-dessus de l'horizon, suivant que les cercles diurnes qu'elles décrivent sont plus ou moins grands. Du côté du midi, quelques-unes apparaissent un instant pour disparaître aussitôt.

Lorsque, en douze heures, la sphère céleste a fait la moitié de sa révolution, le point B de l'Équateur a pris la place du point E à 41 degrés de hauteur au-dessus de l'horizon, et le point E est venu se placer en B à 41 degrés au-dessous de ce même horizon, du côté du nord.

Dans le cours d'une révolution entière enfin, toutes les étoiles de l'Équateur viennent successivement passer au méridien en E, à une même hauteur *h'* E, qui ne peut pas varier, puisque l'axe de rotation P P' garde une position invariable.

II. Les hauteurs méridiennes du soleil accusent de grands changements, dont l'étendue, égale à deux fois l'obliquité de l'Écliptique, est de 46 degrés 56 minutes.

En effet, dans sa course annuelle sur le grand cercle oblique A D, le soleil passe successivement aux deux équinoxes et aux deux solstices.

A l'équinoxe du printemps γ, le cercle diurne qu'il décrit est l'Équateur lui-même; sa hauteur *h'* E à midi est de 41 degrés. C'est la moyenne.

Au solstice d'été D, le soleil décrit le tropique du Cancer C D; sa hauteur *h'* D est alors de 41 degrés plus 23 degrés 28 minutes, c'est-à-dire de 64 degrés 28 minutes. C'est le maximum.

A l'équinoxe d'automne ♎, le mouvement diurne lui fait décrire de nouveau l'Équateur, ce qui le ramène à sa hauteur moyenne *h'* E qui est de 41 degrés.

Au solstice d'hiver A, le soleil décrit le tropique du Capricorne A F. Sa hauteur *h'* F est alors de 41 degrés moins 23 degrés 28 minutes, c'est-à-dire de 17 degrés 32 minutes. C'est le minimum.

Ses deux hauteurs extrêmes sont donc 64 degrés 28 minutes et 17 degrés 32 minutes, qui diffèrent entre elles de 46 degrés 56 minutes, deux fois l'obliquité de l'Écliptique.

Telles sont à très-peu de chose près, dans le cours d'une année, les différentes élévations du soleil au-dessus de l'horizon à Paris dont la latitude est presque de 49 degrés.

III. Si nous voulons connaître la grandeur relative du

jour et de la nuit à l'époque des deux solstices, nous n'avons qu'une chose bien simple à faire. Avec deux fils bien tendus, marquons nettement la trace de l'horizon *h h'*, et voyons l'endroit où le demi-cercle C R D vient rencontrer l'alignement.

La position de la sphère étant oblique, les parallèles de l'Équateur sont divisés en deux parties inégales par l'horizon. Aussi le demi-cercle qui représente le tropique C D rabattu, se trouve-t-il coupé lui-même en deux arcs inégaux. L'un de ces arcs contient 16 divisions et l'autre 8 seulement. Chaque division étant prise pour une heure, nous en concluons que, sous la latitude de 49 degrés, qui est presque celle de Paris, le plus long jour doit être de 16 heures, et la plus petite nuit de 8 heures. C'est en effet ce qui a lieu.

Lorsque, six mois après, le soleil est dans le signe du Capricorne, les rôles sont intervertis. Le jour n'a qu'une durée de 8 heures, tandis que la nuit se prolonge pendant 16 heures.

IV. L'appareil nous donnera encore d'autres renseignements relatifs à la mesure du cercle de perpétuelle apparition, ou au mouvement oscillatoire de l'horizon. Contentons-nous pour le moment de ce qui précède, et passons à l'étude des coordonnées célestes.

COORDONNÉES CÉLESTES

D'après les circonstances, on a besoin de rapporter la position des astres, soit à l'Horizon, soit à l'Équateur, soit à l'Écliptique. Il en résulte trois systèmes de coordonnées célestes qui ont beaucoup de rapport avec les coordonnées géographiques.

Si l'on avait voulu représenter sur l'appareil tous les cercles de la sphère dans les trois systèmes, on aurait eu un enchevêtrement de lignes droites et de lignes courbes qu'il eût été très-difficile de distinguer. Heureusement le même dessin peut servir dans les trois circonstances. Il suffit pour cela de représenter tour à tour l'Horizon, l'Équateur ou l'Écliptique par le même cercle B E. C'est ce que nous allons faire.

COORDONNÉES DE L'HORIZON

Soit donc le cercle BE pris pour l'Horizon lui-même, ce qui devient exact quand le pôle P est amené en Z, au zénith.

I. Tous les cercles, tels que C D, *g k*, parallèles à l'horizon B E, ont autrefois reçu et portent encore aujourd'hui le nom arabe d'*almicantara*. On les distingue ainsi des cercles diurnes, qui sont les *parallèles* de l'Équateur.

Tous les cercles perpendiculaires à l'horizon B E, et qui viennent aboutir au zénith et au nadir, sont ce qu'on appelle les cercles verticaux, ou, par abréviation, les *Verticaux*.

Le méridien d'un lieu est le *vertical* qui contient dans son plan le *nord* et le *sud*. Les astres, comme on l'a déjà vu, sont au point le plus haut de leur course diurne, à leur culmination, quand ils passent au méridien.

II. Les deux coordonnées de l'horizon sont la *hauteur* et l'*azimut*. La hauteur est l'arc qui mesure la distance verticale d'un astre au-dessus du plan de l'horizon. L'azimut est l'arc qui mesure la distance longitudinale d'un astre, rapportée à un point donné de l'horizon. Il se compte de 0 degré à 180 degrés, à partir du point nord, soit vers l'est, soit vers l'ouest.

Ce sont les almicantaras qui servent à déterminer la hauteur. Ainsi un astre situé en D sur l'almicantara C D, aurait une hauteur *h'* D de 23 degrés et demi.

Ce sont les verticaux qui servent à déterminer l'azimut. Ainsi un astre situé en 2 sur le même almicantara C D, et rencontré par le troisième vertical à partir du point B au nord, a un azimut de 45 degrés. On se rappelle, en effet, que chaque espace intermédiaire est de 15 degrés, et 3 fois 15 degrés font bien 45 degrés. Cet azimut est oriental ou occidental, suivant que l'astre observé se trouve à l'est ou à l'ouest. Un astre situé en C n'a pas d'azimut, tandis qu'un astre placé en D a un azimut de 180 degrés.

En un mot, l'azimut est l'angle que fait le vertical d'un astre avec un autre vertical pris pour origine des azimuts, et qui est le méridien lui-même à l'endroit où il rencontre le nord.

COORDONNÉES DE L'ÉQUATEUR

Cette fois le cercle B E redevient l'Équateur. Pour éviter toute confusion, plaçons le pôle P à 49 degrés de hauteur au-dessus du point *h* de l'horizon, dont la trace nous sera toujours donnée par les deux fils tendus de *h* en *h'*.

Le dessin n'a pas changé, il y a toujours une série de cercles parallèles et une série de cercles perpendiculaires au plan B E. Seulement les *almicantaras* de tout à l'heure sont maintenant les *parallèles* de l'Équateur, et les anciens *verticaux* sont devenus des *cercles horaires*.

I. Les deux coordonnées de l'Équateur sont la *déclinaison* et l'*ascension droite*.

La déclinaison est l'arc qui mesure la distance verticale d'un astre à l'Équateur, soit au-dessus, soit au-dessous de ce grand cercle. Elle est donc tantôt boréale, tantôt australe, et se compte de 0 degrés à 90 degrés.

L'ascension droite est l'arc qui mesure la distance longitudinale d'un astre rapportée au point γ de l'Équateur, c'est-à-dire à l'équinoxe du printemps, pris pour origine des ascensions droites. Elle se compte de 0 degré à 360 degrés, d'occident en orient.

II. Les parallèles servent à déterminer la déclinaison. Un astre situé en D sur le parallèle C D, a une déclinaison boréale de 23 degrés et demi que mesure l'arc E D.

Mais la hauteur de cet astre est loin d'être la même. Elle a pour mesure l'arc *h'* D, qui est de 64 degrés et demi. Ce qui doit être, puisque le point E de l'Équateur est lui-même à une hauteur *h'* E de 41 degrés au-dessus de l'horizon. On voit ainsi combien la hauteur d'un astre peut quelquefois différer de sa déclinaison.

III. Les cercles horaires, auxquels on donne aussi le nom de méridiens célestes, servent à déterminer l'ascension droite.

Un astre situé en D a une ascension droite γ E, qui est de 6 fois 15 degrés, c'est-à-dire de 90 degrés. Il se trouve en effet sur le sixième cercle horaire, à partir du point vernal γ, et chaque espace intermédiaire est de 15 degrés.

L'azimut de ce même astre, situé en D, est bien différent; il a pour mesure un arc *h h'* de 180 degrés.

Le soleil, quand il rencontre le point automnal ♎, a une ascension droite γ E ♎ de 180 degrés; tandis que l'ascension droite du soleil est nulle, lorsqu'il rencontre le point vernal γ, qui est lui-même l'origine des ascensions droites.

IV. Le jour sidéral commence au moment où l'équinoxe du printemps γ passe au méridien de l'observateur. Sa durée n'est que de 23 heures 56 minutes, tandis que la durée du jour solaire, qui commence à midi, est de 24 heures. Le jour civil, qui est également de 24 heures, commence à minuit, et il se divise en 12 heures de jour et 12 heures de nuit.

Dans le mouvement diurne des étoiles, 15 degrés sont franchis en une heure. Comme ce mouvement est uniforme, la sphère équatoriale devient ainsi une horloge qui mesure le temps avec une précision mathématique et qui marche toujours sans avoir besoin d'être remontée.

COORDONNÉES DE L'ÉCLIPTIQUE

Dans ces nouvelles conditions, abaissons le pôle P de 23 degrés 30 minutes, ce qui lui donne une hauteur *h* P de 25 degrés et demi. Alors le cercle B E, cessant d'être l'Équateur, deviendra l'Écliptique, toujours pour la latitude de 49 degrés. La hauteur *h'* E de l'Écliptique sera de 64 degrés et demi.

Cette fois encore, le dessin, qui est toujours le même, nous montre une série de cercles parallèles et une série de cercles perpendiculaires au plan B E. Mais au lieu d'être des *almicantaras* ou des *parallèles*, les uns sont des *cercles de latitude céleste;* les autres, au lieu d'être des *verticaux* ou des *cercles horaires*, seront des *cercles de longitude céleste.*

I. Les deux coordonnées de l'Écliptique sont donc la *latitude* et la *longitude célestes.*

La latitude céleste, ou, pour mieux dire, la *latitude écliptique*, est l'arc qui mesure la distance verticale d'un astre au plan B E, soit au-dessus, soit au-dessous de ce plan. Elle est donc boréale ou australe, et elle se compte de 0 degré à 90 degrés, à partir de l'Écliptique jusqu'au pôle de ce grand cercle.

La longitude céleste, ou mieux la *longitude écliptique*, est l'arc qui mesure la distance longitudinale d'un astre rapportée au point vernal γ qui se trouve situé à l'intersection de l'Équateur et de l'Écliptique. Elle se compte de 0 degré à 360 degrés, d'occident en orient.

II. Les cercles de latitude, comme leur nom l'indique, servent à déterminer la latitude écliptique. Un astre, situé en D sur le cercle C D, a une latitude céleste ED de 23 degrés et demi, et qui est boréale.

Au point de vue de l'horizon, la hauteur *h'* D de cet astre est de 88 degrés.

Au point de vue de l'Équateur, dont la hauteur est de 41 degrés, puisque nous sommes, dans cet exemple, à une latitude géographique de 49 degrés, la déclinaison de ce même astre est de 47 degrés, c'est-à-dire égale à l'arc F D et boréale.

Le rapprochement de ces trois chiffres, 23 degrés et demi pour la *latitude céleste*, 88 degrés pour la *hauteur*, et 47 degrés pour la *déclinaison*, montre combien les résultats de l'observation peuvent varier, suivant qu'on a besoin de rapporter la position d'un corps céleste à l'Écliptique, à l'horizon ou à l'Équateur.

III. Les cercles de longitude servent à déterminer la longitude écliptique. Un astre situé en D a une longitude céleste γ E de 6 fois 15 degrés, c'est-à-dire 90 degrés. Une étoile qui se trouverait en γ au point vernal n'aurait pas de longitude. Une autre étoile, placée au point automnal ♎, aurait une longitude de 180 degrés.

Les longitudes du soleil varient sans cesse pendant le cours de l'année ; mais cet astre n'a pas de latitude céleste, puisque son mouvement annuel s'accomplit sur le cercle de l'Écliptique lui-même. A l'équinoxe du printemps, la longitude du soleil est nulle; elle est de 90 degrés le jour du solstice d'été, de 180 degrés à l'équinoxe d'automne, de 270 degrés au solstice d'hiver, et enfin de 360 degrés lorsque le soleil arrive de nouveau à l'équinoxe du printemps. Il en serait ainsi du moins si la terre parcourait toujours son orbite avec la même vitesse. Cela n'étant pas, la longitude vraie du soleil avance ou retarde pendant six mois sur la longitude moyenne. Mais la différence en plus ou en moins est à peine de 2 degrés. C'est ce qu'on appelle l'*équation de l'orbite* ou l'*équation du centre*.

PANTOGRAPHIE ASTRONOMIQUE

Avant l'invention de l'*Observatoire portatif*, qui porte aussi le nom de *Pantographe astronomique*, il n'existait pas d'instrument qui permît d'observer directement dans le plan de l'Écliptique. Lacune sans importance pour les savants qui, avec le calcul, transforment les coordonnées horizontales ou équatoriales en coordonnées écliptiques; lacune très-regrettable au point de vue de l'enseignement, et qui, dans une science d'observation, rendait l'observation impossible à tous ceux qui ne connaissent pas la trigonométrie sphérique. C'était l'exclusion du plus grand nombre.

Aujourd'hui, cette exclusion n'existe plus. Étant à la fois un *téodolite*, un *équatorial* et un *écliptique*, le Pantographe astronomique met à la disposition de chacun le moyen d'observer directement et de relever la position des astres au triple point de vue de l'Horizon, de l'Équateur et de l'Écliptique.

MESURE DES PLUS LONGS JOURS

Le demi-cercle C R D, qui est le rabattement du tropique du Cancer C D, donne la mesure du plus long jour et du plus petit jour de l'année, pour toutes les latitudes comprises entre 0 degré et 66 degrés 28 minutes, ou 66 degrés et demi en chiffres ronds.

A partir de cette latitude, le plus long jour va en augmentant, de 24 heures à 6 mois. Étant alors tout entier au-dessus de l'horizon, et d'autant plus élevé que la latitude augmente davantage, le tropique du Cancer ne fournit plus d'indications numériques.

Règle générale : toutes les fois que le demi-cercle rabattu C R D est coupé par l'horizon en trois parties, la durée du plus long jour dépasse 24 heures. Quand le point C du tropique du Cancer C D est sur l'horizon, le plus long jour est de 24 heures. Toutes les fois que le point C est au-dessous de l'horizon, le plus grand jour n'atteint pas 24 heures.

Ainsi, à la latitude de 30 degrés, le demi-cercle C R D est divisé en deux parties, dont l'une contient un peu moins que 10 divisions, et l'autre un peu plus que 14 divisions. Ce qui veut dire que, sous cette latitude, le plus grand jour est presque de 14 heures. Les tables donnent 13 heures 56 minutes.

Au contraire, sous la latidude de 90 degrés, le demi-cercle rabattu C R D est divisé en trois parties par l'horizon ; et comme le point C du tropique du Cancer est à sa plus grande élévation, le plus long jour de l'année atteint son maximun de 6 mois.

A la latitude de 85 degrés, le plus long jour est de 5 mois 3 jours.

A 80 degrés, de 4 mois 7 jours.

A 75 degrés, de 3 mois 7 jours.

A 70 degrés, le plus long jour est de 2 mois.

Dans ces régions hyperboréennes, un changement de 5 degrés dans la latitude amène, dans la longueur du jour, une augmentation qui peut s'élever à 2 mois.

ZONE DE PERPÉTUELLE APPARITION

1. L'habitant de l'Équateur est le seul qui puisse voir

toutes les parties de la sphère céleste ; mais il ne les voit que successivement, et pour que toutes les étoiles aient passé sous ses yeux pendant la nuit, il faut l'écoulement d'une année.

Dans la *sphère droite*, il n'y a donc ni zone de perpétuelle apparition, ni zone de perpétuelle occultation.

II. Il en est autrement si l'observateur est placé au pôle, sous une latitude de 90 degrés. Des deux hémisphères, l'un est toujours visible, l'autre toujours invisible. Dans la *sphère parallèle*, il y a donc une zone de perpétuelle apparition qui renferme tous les parallèles supérieurs, et une zone de perpétuelle occultation qui renferme tous les parallèles inférieurs.

Les deux zones se touchent et elles sont égales, car elles ont pour base commune l'équateur B E, qui coïncide avec l'horizon *h h'*, et qui est le plus grand cercle de perpétuelle apparition.

Le demi-cercle méridien *h* P *h'*, sous-tendu par la base B E, est de 180 degrés, c'est-à-dire deux fois plus grand que la latitude *h* P, qui est de 90 degrés. Donc l'arc de cercle qui enveloppe et qui mesure la zone de perpétuelle apparition, au pôle, est égal à deux fois la latitude.

III. Dans les positions intermédiaires de la *sphère oblique*, il y a encore une zone de perpétuelle apparition et une zone de perpétuelle occultation qui sont égales, mais dont l'étendue varie avec la latitude.

Prenons pour exemple la latitude de 66 degrés 30 minutes, celle où le tropique C D est le plus grand de tous les parallèles entièrement élevés au-dessus de l'horizon. A cet effet, plaçons le pôle P à 66 degrés et demi au-dessus du point *h* de l'horizon *h h'*.

Ici la zone de perpétuelle apparition C P D a pour base le parallèle C D ; l'arc sous-tendu est encore deux fois plus grand que la latitude, puisqu'il se compose de deux parties égales C P + P D, dont la somme est, en effet, de 2 fois 66 degrés 30 minutes, c'est-à-dire de 133 degrés.

IV. Quelle que soit la latitude, il en sera de même. Pour s'en convaincre, il suffit de se rappeler que tous les points de la circonférence d'un parallèle quelconque étant également éloignés du pôle, toujours l'arc sous-tendu se composera de deux parties égales, quelle que soit d'ailleurs la hauteur *h* P du pôle, qui détermine la latitude.

D'où cette loi : « La base de la zone de perpétuelle apparition sous-tend un arc de cercle égal à deux fois la latitude. »

DIMENSIONS DE LA TERRE

Soit un observateur placé en *e* sur l'Équateur terrestre *b e*, il aura pour zénith le point E de la sphère céleste qui, par conséquent, doit être sous la lettre Z du cercle gradué.

Un autre observateur situé en *d* sur le parallèle terrestre *c d* et dont la latitude n'est plus la même, a pour zénith le point D.

Et nous savons que le petit arc *e d* est à la circonférence de la terre comme le grand arc E D est à la circonférence de la sphère céleste.

Dans cette proportion, nous connaissons le grand

arc E D qui est de 23 degrés 28 minutes. D'un autre côté, il est connu que, toute circonférence de cercle, grande ou petite, se divise en 360 degrés. Si nous pouvions mesurer l'étendue réelle de l'arc terrestre *e d*, nous aurions ainsi trois termes connus d'où se déduirait facilement le quatrième terme inconnu que nous cherchons, c'est-à-dire la mesure du contour de la terre.

Pour simplifier le calcul, remplaçons l'arc céleste E D par un arc beaucoup plus petit qui sera d'un degré, je suppose. L'arc correspondant sur la terre a diminué dans le même rapport comme l'indiqueraient au besoin deux fils interceptant un angle d'un degré sur le cercle gradué. Désignons par la lettre *a* le nouvel arc terrestre et par la lettre C la circonférence de la terre, nous aurons la proportion suivante qui sera élémentaire :

$$a : C :: 1^{\circ} : 360^{\circ}$$

Ce qui veut dire que le petit arc terrestre *a* est à la circonférence totale de la terre comme 1 est à 360. En d'autres termes, quelle que soit sa grandeur, le petit arc sera contenu 360 fois dans le contour du globe terrestre.

Mesuré avec toutes les précautions voulues, ce petit arc d'un degré a une étendue de 27 lieues 77 centièmes.

La circonférence terrestre est 360 fois plus grande. Elle est donc égale à 360 fois 27 lieues 77 centièmes, qui font 10,000 lieues de 4,000 mètres chacune.

En divisant ces 10,000 lieues par 3.1416, nombre qui exprime le rapport du diamètre à la circonférence, on trouve que le diamètre de la terre mesure 3,184 lieues.

Ce qui donne 1,592 lieues pour le rayon, et 32 millions de lieues carrées pour la surface, dont les deux tiers sont recouverts par les eaux de l'Océan.

APLATISSEMENT DES POLES

Si la terre était parfaitement ronde, la courbure de sa surface serait partout la même. Toutes les fois qu'un observateur s'avancerait de 27 lieues 77 centièmes sur un même méridien, son nouveau zénith ferait un angle de 1 degré avec l'ancien.

En sera-t-il de même si la terre n'est pas tout à fait ronde?

La meilleure manière de répondre à cette question, c'est de supposer un moment que, au lieu d'être arrondie, la surface de la terre soit plane. Supprimons donc par la pensée tout l'hémisphère boréal du globe terrestre et imaginons un observateur qui marcherait sur le plan de l'Équateur *b c*, dont le diamètre a 3,184 lieues. Cette étendue n'est rien, comparativement à la distance énorme où se trouvent les étoiles, distance qui se compte par plusieurs centaines de milliards de lieues. D'où il suit que, en allant de *b* en *c*, notre observateur n'amènerait aucun changement sensible dans l'aspect du ciel; il verrait toujours le même horizon, tous les astres sembleraient le suivre dans sa marche, il aurait toujours la même étoile au-dessus de sa tête. Cela se comprend, l'étendue du diamètre terrestre est à la distance qui nous sépare des étoiles comme un millimètre est à 2,000 lieues. Deux lignes droites d'une telle grandeur ainsi placées aux deux extrémités d'une si petite base, ne formeront jamais un angle appréciable.

Dans ces conditions, il n'y a que la courbure de la terre qui puisse expliquer les phénomènes dont nous sommes témoins. Courbure que tant de preuves nous révèlent et dont nous voyons d'ailleurs l'image reproduite comme sur un miroir, à chaque éclipse de lune.

Aussi exiguës que soient les dimensions de la terre, il suffit que sa surface soit convexe pour que notre zénith change de place à chaque pas que nous faisons dans un sens ou dans un autre. Cela étant, plus la surface sera convexe, moins l'observateur aura de chemin à faire s'il veut amener un changement d'un degré dans la position du zénith et de l'horizon. Alors, en mesurant les arcs parcourus et en les comparant entre eux, on peut voir si la sphéricité de la terre est toujours la même ou si elle varie et de combien elle varie.

Or, pour que le zénith de l'observateur se déplace d'un degré, il faut faire plus de chemin dans les régions voisines du pôle *p* que dans les régions voisines de l'Équateur *b e*. C'est un fait que l'observation constate. Donc la surface terrestre a moins de courbure au pôle qu'à l'Équateur.

Il fallait s'y attendre, le mouvement de rotation dont la terre est animée a dû engendrer dès l'origine une force centrifuge qui a renflé l'équateur et aplati les pôles.

L'aplatissement, du reste, est peu marqué. Il n'y a qu'une différence de 5 lieues entre le diamètre équatorial et le diamètre polaire.

De ce qui précède, il résulte que la terre, comme toutes les autres planètes, est un corps rond suspendu dans l'espace, mais dont la sphéricité n'est pas parfaite. En d'autres termes, la terre est un sphéroïde légèrement aplati aux deux extrémités de l'axe sur lequel s'effectue son mouvement de rotation.

SAISONS

D'APRÈS LES APPARENCES

L'appareil peut représenter les saisons de deux manières, suivant que l'on considère le mouvement apparent du soleil ou le mouvement réel de la terre, en un an.

Au point de vue des apparences, la terre est immobile au centre de la sphère céleste. C'est le soleil qui, dans la révolution annuelle, parcourt l'Écliptique A D et se transporte en six mois du solstice d'été D au solstice d'hiver A.

Par le point *g* et par le point *n* de la terre, faites passer un cercle perpendiculaire au plan de l'Écliptique A D. Le diamètre *g n* de ce cercle, indiqué au besoin par des fils, se confond avec l'axe G N de l'Écliptique. Le cercle *g n* lui-même divise la sphère terrestre en deux hémisphères *g t' c b a m p' n* et *g p k t d e f n* qui seront tour à tour éclairés ou obscurs, selon que le soleil sera en D ou en A.

I. Lorsque le Soleil est en D, le pôle boréal *p'* et le cercle polaire *g k* tout entier sont dans la lumière; le pôle *P'* austral et le cercle polaire *m n* tout entier sont dans l'ombre.

Le soleil, alors au-dessus du parallèle terrestre *c d*, se trouve beaucoup plus près du pôle nord que du pôle sud, ainsi que le montrent ses deux distances polaires *d p*, *d p'*, l'une de 66 degrés et demi seulement, l'autre de 113 degrés et demi.

Dans ces conditions, les habitants de l'hémisphère boréal ont l'été avec ses plus longs jours. Tandis que les habitants de l'hémisphère austral ont l'hiver avec ses plus petits jours.

II. Au contraire, lorsque le soleil arrive en A, le pôle boréal *p* et le cercle polaire *g k* sont dans l'ombre. Le pôle austral *p'* et le cercle polaire *m n* se trouvent en plein dans la lumière.

Le soleil, alors au-dessus du parallèle terrestre *a f* est à 113 degrés et demi du pôle nord et à 66 degrés et demi seulement du pôle sud.

Nous sommes donc dans la saison d'hiver, tandis que nos antipodes sont dans la saison d'été.

III. Lorsque vient le printemps ou l'automne, le soleil rencontre l'Équateur au point vernal ♈ ou au point automnal ♎. Cet astre est alors à égale distance des deux pôles *p' p*; l'hémisphère boréal et l'hémisphère austral, également éclairés, ont tous les deux leur saison moyenne où le jour est égal à la nuit. Il y a une différence toutefois : nous sommes en automne lorsque nos antipodes sont au printemps; et, six mois après, l'époque qui nous annonce le réveil de la nature est l'époque où, chez eux, la végétation va disparaître.

SAISONS

D'APRÈS LA RÉALITÉ

Si nous ne voulons plus nous en rapporter au témoignage trompeur des apparences, il y a quelque chose de bien simple à faire. Mettons le soleil à la place de la sphère centrale qui tout à l'heure était la terre; remplaçons celle-ci par les petits points *s*, *s' s''*, *s'''* et suivons-la dans son mouvement annuel autour du soleil, pendant qu'elle décrit une orbite A D, dont le plan est incliné de 23 degrés 28 minutes sur le plan de l'Équateur B E.

A ce nouveau point de vue, le seul vrai, le soleil d'où part la lumière, est au centre du mouvement de la terre, qui se transporte en six mois de A en D. La suite des saisons s'explique encore mieux par les changements de position que légitime l'intervention des rôles. Le solstice d'été a lieu quand la terre est en A ; le solstice d'hiver, quand elle est en D.

I. En effet, la terre étant en A, ses habitants voient le soleil se projeter en D sur la sphère céleste. La position que notre planète occupe alors sur l'Écliptique A D est exactement la même que la position qu'elle occupe en 1 sur l'orbite *u u'* de la figure placée au bas de l'appareil.

Si vous en doutez, faites au calque le dessin d'une petite terre semblable à celle qui est en bas, découpez-la et placez son centre 1 en A, en ayant bien soin de faire coïncider la petite ligne oblique *a d* avec la grande ligne oblique A D.

Cette fois encore, ainsi que vous l'indique la trace *oo'* du cercle qui sépare le jour des ténèbres, le pôle boréal *p* est dans la lumière, et le pôle austral *p'* est dans l'ombre. Cette fois encore le soleil, alors au-dessus du parallèle terrestre *c d*, est plus près du pôle nord que du pôle sud, car sa distance polaire ***d p*** est de 66 degrés et demi seulement, tandis que sa distance polaire *d p'* est de 113 degrés et demi.

D'où il résulte que l'hémisphère boréal a l'été, et que l'hémisphère austral est dans l'hiver.

II. C'est le contraire qui a lieu, lorsque la terre étant en D, ses habitants voient le soleil se projeter en A sur la sphère céleste. Afin de vous en assurer, faites pour la sphère inférieure, placée à droite, ce que vous avez fait pour l'autre; amenez son centre 2 en coïncidence avec le point A, la petite ligne oblique *a d* recouvrant la grande ligne oblique A D.

Dans cette nouvelle position, le pôle boréal *p* est dans l'ombre, et c'est le pôle austral *p'* qui se trouve dans la lumière. Le soleil, alors au-dessus du parallèle terrestre *a f*, est plus loin du pôle nord que du pôle sud; car sa distance polaire *a p* est de 113 degrés et demi, tandis que sa distance polaire *a p'* est de 66 degrés et demi seulement.

D'où il suit que l'hémisphère boréal a l'hiver, et que l'hémisphère austral est dans l'été.

III. Aux deux solstices seulement, le cercle qui sépare l'ombre et la lumière passe par les deux points *o o'* l'un et l'autre situés sur l'axe de l'Écliptique.

Au printemps et à l'automne, quand la terre rencontre le plan de l'Équateur B E au point vernal ♈ et au point automnal ♎, chacun des deux hémisphères nord et sud est, pendant 12 heures, à moitié obscur et à moitié éclairé. Ce que nous pourrions représenter avec deux nouveaux dessins où l'axe *p p'* garderait toujours le même parallélisme, mais dont une face serait entièrement blanche et l'autre entièrement noire.

Le soleil, alors au-dessus de l'Équateur terrestre *b e*, est à égale distance des deux pôles, et le jour est partout égal à la nuit.

Nous avons donc le printemps lorsque nos antipodes ont l'hiver, et réciproquement.

Comme on vient de le voir, le changement des saisons s'explique aussi bien au point de vue des mouvements réels qu'au point de vue des mouvements apparents. Quant à la cause de ce changement, qui amène des températures si différentes, il faut la voir : d'une part, dans l'obliquité du plan de l'orbite terrestre, qui est incliné de 23 degrés 28 minutes sur l'Équateur ; et d'autre part, dans le parallélisme constant de l'axe autour duquel tourne la terre.

BALANCEMENT DE L'HORIZON

L'Horizon, nous l'avons déjà dit, est le grand cercle qui divise la sphère céleste en deux parties égales : l'une supérieure et visible, l'autre inférieure et invisible.

Le plan de ce grand cercle, qui borne la vue de l'observateur, est parallèle à la surface des eaux tranquilles en chaque lieu de la terre. L'axe de l'horizon est la ligne droite qui, partant du centre de la terre, va se prolonger dans le ciel jusqu'au zénith de l'observateur. Cette ligne, qu'on appelle la *verticale de pesanteur*, est indiquée par la direction du *fil à plomb* ou du *pendule*; direction qui est celle que prend naturellement un fil dont une extrémité est attachée par en haut à un point fixe, et dont l'extrémité inférieure retient un poids suspendu, abandonné à l'action de la pesanteur.

Si la terre était une sphère immobile, chaque observateur aurait encore un horizon différent, d'après le changement de latitude. Mais, pour un lieu donné, l'horizon garderait toujours la même position dans l'espace.

Loin d'être immobile, la terre est animée d'un double mouvement de translation autour du soleil et de rotation sur elle-même. Ce dernier mouvement, qui s'accomplit en 24 heures, entraîne avec lui chaque observateur et découvre ou masque à ses yeux différentes parties du ciel.

Partout ailleurs qu'au pôle où il coïncide avec l'Équateur, l'horizon prend, en un jour, différentes positions dans l'espace.

I. Soit la latitude boréale de 49 degrés, où le pôle est à cette hauteur au-dessus du point *h* de l'horizon *h h'*. L'observateur est placé en *t* sur le quarante-neuvième parallèle *t t'*. Là, comme en tout autre lieu, le mouvement diurne est perpendiculaire à l'axe de rotation P P'.

En ce moment, le zénith de l'observateur est en Z, et la position de son horizon est déterminée par la ligne *h h'*, que recouvrent deux fils.

En sera-t-il toujours de même? Non; car 12 heures après, l'observateur, emporté par la rotation terrestre, se trouvera en *t'*. Son nouveau zénith, que nous constatons avec un fil, est venu se placer à 8 degrés au-dessus du point *h* du premier horizon *h h'*.

Mais l'horizon est toujours à 90 degrés du zénith. Le nouvel horizon est donc venu se placer à 82 degrés au-dessus du point *h'* de l'ancien horizon *h h'*, en passant successivement par toutes les positions intermédiaires. Ce n'est qu'après un nouvel intervalle de 24 heures que, ayant été ramené de t' en t, l'observateur retrouve son zénith et son horizon à leur place primitive Z et $h\ h'$.

Avec une étendue plus ou moins grande, il y a des changements analogues pour des observateurs placés en k, en d, en e, en f, en n, partout ailleurs enfin qu'en p et en p', où le mouvement diurne est parallèle à l'horizon qui coïncide avec l'Équateur.

D'où il résulte que, partout ailleurs qu'au pôle, l'horizon prend différentes positions dans l'espace en 24 heures.

On peut s'en assurer en suivant des yeux, pendant la nuit, le mouvement diurne d'*Algénib*, l'une des étoiles de la constellation de *Persée*, qui passe au zénith de Paris, et qui ne se couche jamais. Les deux hauteurs extrêmes de cette étoile circompolaire sont 8 degrés et 90 degrés; différence, 82 degrés, comme cela doit être, puisque notre zénith et notre horizon ne gardent pas toujours la même position dans l'espace.

MESURE DU BALANCENENT DE L'HORIZON

Le mouvement oscillatoire de l'horizon atteint sa plus grande étendue en 12 heures. Cette étendue a pour mesure un arc de cercle égal à deux fois le complément de la latitude.

I. Dans son mouvement de va-et-vient sous la latitude de 49 degrés, l'horizon de l'observateur a monté de 0 degré à 82 degrés en 12 heures; ensuite il est descendu de 82 degrés à 0 degré dans le même intervalle de temps. C'est donc en 12 heures que le mouvement déviatoire de l'horizon atteint sa plus grande étendue.

Mais 82 degrés sont le double de 41 degrés qui, à la latitude où nous sommes, mesurent la hauteur h' E de l'Équateur au-dessus de l'horizon. Nous savons en outre, que la hauteur de l'Équateur est le complément de la latitude.

D'où il suit qu'à la latitude de 49 degrés, le balancement de l'horizon a pour mesure un arc de 82 degrés qui est égal à deux fois le complément de la latitude.

II. Partout ailleurs qu'au pôle, il en sera de même. Pour mieux nous en convaincre, comparons entre elles les deux positions extrêmes du zénith qui oscille en même temps que l'horizon.

Quand l'observateur est en t, son zénith est en Z à 90 degrés au-dessus du plan $h\ h'$; quand l'observateur, après un demi-tour de rotation, vient se placer en t', son nouveau zénith est à 8 degrés seulement au-dessus de ce même plan $h\ h'$. Ces deux hauteurs extrêmes diffèrent entre elles de 82 degrés, c'est-à-dire d'une quantité égale à deux fois le complément de la latitude.

Il ne peut pas en être autrement, puisque, dans le cours de sa révolution diurne, le zénith reste toujours à la même distance du pôle, non-seulement à Paris, mais dans tous les lieux de la terre.

La loi est donc générale : « Partout ailleurs qu'au pôle, le zénith et l'horizon ont un mouvement oscillatoire dont l'étendue a pour mesure un arc de cercle égal à deux fois le complément de la latitude. »

III. Avec le secours du *Pantographe astronomique*, nous sommes parvenu à représenter en relief, tel qu'il se produit dans l'espace, ce double mouvement de l'horizon et de l'axe de l'horizon. On voit cet axe décrire un cône pendant que l'horizon monte et descend.

L'Appareil alphabétique dont se sert en ce moment le lecteur, mesure le mouvement oscillatoire de l'horizon sans le reproduire en relief. Mais il se prête à la représentation complète du mouvement conique de l'axe autour du pôle.

Soit un observateur placé en *k* sur le parallèle terrestre *k g*, à une latitude de 66 degrés 32 minutes. Prenez un fil et faites-lui parcourir le cercle polaire céleste G K, en ayant soin de le tenir toujours à la même distance P G du pôle boréal P. Ce fil, en passant successivement par les mêmes positions que l'axe de l'horizon du lieu, décrira un cône dont le sommet est au centre de la terre et dont la base est le cercle polaire G K.

Quant à l'horizon, son balancement sera mesuré par l'arc *k'* D de 46 degrés 56 minutes, comme l'arc polaire G P K et par conséquent égal à deux fois le complément de la latitude.

RENVERSEMENT DE L'ÉCLIPTIQUE

Le balancement de l'horizon échappe à nos sens par ce motif que nous n'avons pas conscience du mouvement de rotation qui nous fait tourner sans cesse avec la terre. Ainsi valseraient, sans le savoir, de petits êtres microscopiques, adhérents à la surface d'une toupie animée d'un double mouvement de révolution sur elle-même et dans l'espace. Nous croyant immobiles et toujours orientés de la même manière, nous attribuons notre propre mouvement à la sphère étoilée. Dans ces conditions, les douzes signes du zodiaque qui entourent l'Écliptique ont à nos yeux un mouvement oscillatoire très-prononcé.

Au point de vue de la direction du mouvement annuel de la terre, on aurait dû faire entrer en ligne de compte ces changements perpétuels qui renversent complétement l'orientation de l'observateur après chaque demi-tour de circonférence en 12 heures ou en 6 mois, suivant qu'il s'agit de la révolution diurne ou de la révolution annuelle de notre planète. Mais ce petit traité n'est pas un livre de discussion, revenons à l'Écliptique. Quoique ses oscillations soient indépendantes de la latitude, prenons pour exemple la latitude de 49 degrés qui est la nôtre.

1. Par suite du mouvement diurne qui est parallèle à l'Équateur céleste B E et qui s'accomplit d'orient en occident avec une vitesse uniforme, le point D du parallèle C D vient au bout de 12 heures, se placer en C. Pour la même raison, le point A vient, également en 12 heures, se placer en F.

D'où il résulte que, de la position A D qu'il occupait d'abord, le cercle oblique passe à la position C F. Les phénomènes se produisent comme si l'Écliptique se renversait en 12 heures de D en F, au-dessus du plan de l'horizon *h h'* qui nous paraît immobile.

Après un nouvel intervalle de 12 heures, nouveau renversement qui ramène le grand cercle oblique dans la position A D où il se trouvait à l'origine.

L'Écliptique a donc un mouvement de va-et-vient qui deux fois, en 24 heures sidérales, le fait monter et descendre sur l'horizon. C'est ce que nous appelons le renversement de l'Écliptique.

II. Pendant que l'Écliptique oscille ainsi, son pôle *g*, décrit autour du pôle P le petit parallèle *g k*, qui n'est autre que le cercle polaire de l'hémisphère boréal.

Le pôle de l'Écliptique étant situé entre l'étoile polaire et la tête du *Dragon*, constellation qui ne se couche jamais à Paris, le mouvement diurne des quatre étoiles qui forment la tête du Dragon sert à reconnaître l'endroit du ciel où se trouve le pôle *g*, aux différentes heures de la nuit

Quant à l'axe *g* γ de l'Écliptique, il décrit en 24 heures un cône *g* γ, *k* γ qu'il est facile de représenter au relief avec un fil allant de *g*, en *k* et toujours tenu à une même distance *g* P autour du pôle P de l'Équateur.

III. L'aspect sous lequel apparaît le mouvement de va-et-vient de l'Écliptique lui-même varie avec la latitude.

Au pôle, où on ne voit jamais que la moitié du cercle oblique, le solstice d'été D reste toujours à la même hauteur au-dessus de l'horizon pendant qu'il décrit le parallèle C D en 24 heures. La partie visible du Zodiaque a un mouvement conique.

A l'Équateur, où l'Écliptique tout entier est successivement visible, le solstice d'été et le solstice d'hiver se montrent tour à tour. Comme le mouvement diurne qui les porte l'un de C en D, l'autre de F en A, est perpendiculaire à l'axe de rotation P P' couché sur l'horizon, ils suivent dans l'espace le mouvement de ce grand cercle en gardant toujours la même hauteur au-dessus de lui. Les signes du Zodiaque sont tantôt penchés vers l'orient, tantôt penchés vers l'occident.

Dans les positions intermédiaires, entre l'Équateur et le pôle, ce n'est qu'à la latitude de 66 degrés 32 minutes que le solstice d'été et le solstice d'hiver sont visibles tous les deux. Leur hauteur au-dessus de l'horizon change aux différentes heures de la nuit.

MESURE DU BALANCEMENT DE L'ÉCLIPTIQUE

I. En un jour, l'Écliptique passe de la position A D à la position C F, puis revient de la position C F à la position A D. Sa plus grande déviation a lieu en 12 heures, dans une étendue que détermine l'arc de cercle D F de 46 degrés 56 minutes.

Cet arc D F est deux fois aussi grand que l'arc D E qui est de 23 degrés 28 minutes et qui détermine l'inclinaison de l'Écliptique sur l'Équateur.

Le balancement de l'Écliptique a donc pour mesure un arc de cercle égal à deux fois l'obliquité de l'Écliptique.

II. Une loi générale se dégage de là. « *Étant donné deux plans inclinés l'un sur l'autre, si l'un de ces deux plans tourne parallèlement à lui-même en entraînant le plan oblique, ce dernier aura un balancement dans l'espace, dont l'étendue sera égale à deux fois l'inclinaison des deux plans.* »

Déjà démontré par ce qui précède, ce théorème nous explique pourquoi le balancement de l'horizon est égal à deux fois le complément de la latitude. Le complément de la latitude, en effet, est égal à la hauteur de l'Équateur et cette hauteur n'est pas autre chose que l'*inclinaison* du plan de l'Équateur sur le plan de l'horizon du lieu.

PRÉCESSION DES ÉQUINOXES

I. Cette fois ce n'est plus le pôle *g*, de l'Écliptique qui tourne en *un jour* autour du pôle P de l'Équateur, c'est le pôle P lui-même qui, en *26,000 ans*, se transporte autour du pôle *g*.

En d'autres termes, l'Équateur B E oscille lentement au-dessus et au-dessous du plan de l'Écliptique A F. Ce balancement séculaire qui change sans cesse l'endroit γ où les deux plans se rencontrent, amène successivement tous les points de l'Équateur terrestre *b e* en coïncidence avec le cercle Écliptique.

Le mouvement oscillatoire de l'Équateur terrestre communique ainsi à la sphère céleste une révolution apparente d'orient en occident qui, chaque année, avance le moment où le soleil atteint l'équinoxe du printemps γ ou l'équinoxe d'automne ♎. De là, le nom de Précession des Équinoxes.

II. Suivant que l'on prend pour point de départ une étoile ou l'équinoxe du printemps, la révolution annuelle de la terre a donc deux durées différentes. On donne le nom d'*année sidérale* à celle qui se mesure par le retour du soleil à la même étoile et le nom d'*année tropique* à celle qui se mesure par le retour du soleil à l'équinoxe γ du printemps.

Ces deux années diffèrent entre elles de 20 minutes 20 secondes. L'année sidérale renferme 365 jours 6 heures 9 minutes 10 secondes ; tandis que l'année tropique ne compte que 365 jours 5 heures 48 minutes 50 secondes.

Cette différence de 20m 20s, réduite en degrés, est de 50".1, c'est-à-dire de 50 secondes de degré, plus un dixième ou, ce qui revient au même, de 50 fois seulement la soixantième partie d'un degré.

Dans les deux cas, on trouve un chiffre qui approche de 26 mille ans pour la durée entière de la révolution des équinoxes.

III. Les détails suivants vont rendre sensibles les effets de cette majestueuse révolution qui change lentement l'aspect du ciel.

L'Écliptique se divise en 12 parties égales de 30 degrés chacune. Les étoiles voisines de l'Écliptique ont été très-anciennement groupées en 12 contellations principales qui débordent de chaque côté dans une étendue de 9 degrés et qui, presque toutes, ont reçu des noms d'animaux. De l'ensemble de ces constellations on a fait le *Zodiaque* et ses 12 *signes* compris dans la zone stellaire de 28 degrés à cheval sur l'Écliptique et au sein de laquelle s'affectuaient les mouvements de toutes les planètes connues alors.

Pendant le cours de la révolution annuelle, le soleil se transporte, en apparence et d'occident en orient, à travers les 12 signes du Zodiaque, qui eux-mêmes paraissent se déplacer d'orient en occident. Le déplacement des étoiles zodiacales est, comme nous l'avons vu, de 50".1 en un an, ce qui fait 1 degré en 72 ans; 30 degrés ou 1 signe, en 2,160 ans; 360 degrés ou le tour du ciel tout entier, en 25,868 ans.

IV. Environ trois siècles avant notre ère, le soleil

entrait dans le signe du *Bélier*, le 21 mars, jour du printemps. Le *Bélier* était alors le premier signe du Zodiaque.

Dans les 2,160 ans qui se sont écoulés depuis cette époque, le zodiaque avec toute la sphère céleste, s'est, en apparence, avancé de 30 degrés qui font un signe complet. Il en résulte qu'aujourd'hui, à l'équinoxe du printemps, le soleil sort du signe du *Bélier* pour entrer dans le signe des *Poissons* qui a pris la première place.

L'annuaire du Bureau des longitudes n'en continue pas moins de dire que l'équinoxe du printemps a lieu lorsque le soleil entre dans le *Bélier*. C'est un tort, car on change ainsi le nom des douze constellations zodiacales qui sont si utiles dans la pratique, si précieuses pour l'histoire, si caractéristiques aux yeux de l'observateur. Avec cette confusion de mots, la constellation des *Poissons* est devenue le signe du *Bélier* qui lui-même a remplacé le *Taureau*. La constellation des *Gémeaux* a pris la place du signe du *Cancer* qui a détrôné le *Lion*. La constellation de la *Vierge* s'est substituée au signe de la *Balance* qui a été se loger dans le *Scorpion*. La constellation du *Sagittaire* a usurpé le rang du *Capricorne* qui, dans sa métamorphose, n'est plus aujourd'hui que le *Verseau*. Enfin, de chaque constellation ancienne, on a fait un signe nouveau en changeant son nom de baptême; c'est une vraie tour de Babel à ne plus s'y reconnaître.

Il y aurait cependant un moyen tout indiqué de faire cesser cette confusion des langues. Il suffirait d'attribuer à chaque *signe* ancien, à chaque constellation ancienne, le numéro d'ordre que lui assigne l'état présent de la révolution apparente des étoiles. Le premier *signe*, quel qu'il fût, serait celui où le soleil entre le jour de l'équinoxe du printemps, et il garderait ce numéro d'ordre pendant les 2,160 ans qui sont nécessaires pour que le soleil ait franchi les 30 degrés d'une constellation tout entière. On n'aurait à changer le numéro d'ordre qu'après un intervalle de temps qui surpasse deux mille ans ; ce qui n'a rien d'inquiétant, même pour les esprits les plus conservateurs. On respecterait une ancienne tradition qui a son importance ; on appellerait l'attention de tous sur un phénomène aussi remarquable en lui-même qu'instructif au point de vue historique, et on éviterait l'inconvénient de donner à un même groupe d'étoiles deux noms différents qui se contredisent.

Que s'est-il passé, en effet ? Le signe du *Bélier* qui, du temps de l'astronome Aristille, était le premier *signe*, la première constellation du Zodiaque, n'est plus aujourd'hui que le douzième *signe*, la douzième constellation de ce même Zodiaque. Depuis Hipparque qui, le premier chez les Grecs, a constaté le mouvement de précession des équinoxes, la constellation des *Poissons* a passé du douzième rang au premier ; elle est devenue le premier *signe* du Zodiaque, puisque c'est au moment où le soleil entre dans les *Poissons* qu'a lieu aujourd'hui l'équinoxe du printemps. Tels sont les faits observés, constatons-le ; nous n'avons pas besoin d'autre chose pour être clairs et exacts.

Cette réforme n'étant pas encore adoptée dans l'enseignement, nous devions nous conformer à l'usage reçu. C'est ce que nous avons fait, mais à contre-cœur. Voilà pourquoi on retrouve encore sur l'appareil et dans ce livre les noms consacrés de tropique du *Cancer* et de tropique du *Capricorne*, lorsqu'il faudrait dire tropique des *Gémeaux* et tropique du *Sagittaire*. De même, nous avons représenté le point vernal par l'indice du *Bélier* ♈

et le point automnal par l'indice de la *Balance* ♎, quoiqu'en ce moment le point vernal soit à l'entrée des *Poissons* ♓ et le point automnal à l'entrée de la *Vierge* ♍. Nous avons averti le lecteur, c'est tout ce que nous pouvions faire.

ÉCLIPSES

En un mois, la lune décrit autour de la terre une orbite dont le plan est incliné de 5 degrés sur le plan de l'orbite terrestre.

On peut représenter cette inclinaison sur l'appareil avec deux fils placés l'un à 5 degrés au-dessus du point D, l'autre à 5 degrés au-dessous du point A du cercle oblique A D, que nous prendrons encore cette fois pour l'orbite de la terre, le soleil étant au centre de la sphère.

Imaginez ou dessinez, au besoin, une petite circonférence de cercle autour du point coloré *s*, celui qui vient immédiatement après le point A. Ce sera l'orbite que la lune parcourt en un mois, pendant que la terre l'emporte avec elle autour du Soleil. En décrivant cette orbite dont le rayon est de 96 mille lieues, tantôt la lune passe entre nous et le Soleil, et alors on dit qu'elle est en *conjonction* ; tantôt elle passe derrière nous, et alors elle est en *opposition*. On donne le nom de *quadrature* à chacune des deux positions latérales que la lune occupe sur son orbite, soit à droite, soit à gauche de la terre.

Dans ces conditions, si l'orbite lunaire n'était pas inclinée sur l'orbite terrestre A D, notre satellite nous cacherait le Soleil à chaque conjonction. A chaque opposition, c'est nous qui lui cacherions cet astre.

Dans le premier cas, il y aurait pour nous éclipse de soleil, et, dans le second cas, éclipse de lune. C'est donc l'inclinaison de l'orbite lunaire sur le plan de l'Écliptique qui empêche les éclipses de se reproduire ainsi tous les quinze jours.

D'un autre côté si les *nœuds* de la lune, c'est-à-dire les deux points où le plan de son orbite rencontre le plan de l'orbite terrestre, coïncidaient toujours avec les deux points de quadrature, il n'y aurait jamais d'éclipses.

De ces deux hypothèses, ni l'une ni l'autre ne se réalise dans la nature. Il y a des éclipses, mais elles sont loin de se reproduire tous les quinze jours. On n'en compte parfois que *deux* en une année et jamais plus de *sept*.

D'où cela peut-il provenir? D'un fait facile à prévoir et aisément observable. Comme si le plan de l'orbite lunaire se balançait sur le plan de l'orbite terrestre, les *nœuds* de la lune se déplacent sans cesse d'orient en occident. Ce n'est qu'au bout de 346 jours 6 dixièmes, que l'un de ces nœuds revient en coïncidence avec le Soleil. C'est ce qu'on appelle la *Révolution synodique des nœuds de la lune*. Or, après 19 révolutions synodiques des nœuds de la lune qui font à très-peu de chose près 223 lunaisons, ou 18 ans 11 jours et demi, la terre, la lune et l'alignement des nœuds reprennent la même position relativement au Soleil. Il suit de là que les éclipses se reproduisent dans le même ordre pendant le cours de cette période connue sous le nom de *Saros* chez les anciens. On peut donc facilement prédire leur retour, en tenant compte du nombre de celles qui ont eu lieu dans les 18 ans 11 jours et demi du cycle précédent. C'est le moyen qu'employaient les Chaldéens, les Indiens, les Chinois et d'autres peuples de l'antiquité. Aujourd'hui encore, les astronomes en font quelquefois usage, mais avec certaines précautions que négligeaient les anciens.

Telle est la cause des éclipses. L'étendue et la durée de chacune d'elles peuvent être modifiées par les diverses distances de la terre et de la lune et aussi un peu par la petite différence qui existe entre 223 lunaisons et 19 révolutions synodiques des nœuds de la lune.

Quant aux *phases* de la Lune, elles sont déterminées par les différentes positions que prend notre satellite en parcourant son orbite autour de la terre. On les représente très-fidèlement en faisant tourner une petite boule autour d'un centre immobile, dans le voisinage d'une lumière.

PARALLAXE

La parallaxe est le changement de projection qui s'accuse, lorsque, de deux stations différentes, on observe un même objet isolé dans l'espace, à une distance quelconque. *Parallaxe* vient en effet du mot grec *parallaxis* qui veut dire changement, parce que les apparences feraient presque croire que l'objet ainsi observé change de place. Vu du Corps législatif, l'obélisque de Luxor se projette dans l'axe de la rue Royale et de l'église de la Madeleine; vu du palais de la Présidence, l'obélisque de Luxor se projette à droite du Ministère de la Marine. La grandeur de l'angle parallactique que font entre eux ces deux rayons visuels détermine la distance qui existe entre l'obélisque et la Chambre des représentants.

Il y a sur l'appareil un petit point noir l, amenons-le sous le zénith et cherchons à trouver parallactiquement sa distance au centre γ de l'appareil.

Par hypothèse, nous n'avons aucun moyen de mesurer la distance $l\gamma$, tandis que nous serons toujours libres de prendre la mesure de la droite $b\gamma$, qui va devenir la base de nos opérations.

I. Vu de la station b, le point l se projette obliquement à droite à environ 8 degrés de zénith Z. Vu du centre γ, le point l se projette verticalement sur le zénith Z. Réunies ensemble les trois lignes droites $\gamma\, b$, $b\, l$, $l\, \gamma$ forment un triangle dont l'angle parallactique en l ne peut pas être mesuré directement, puisque nous sommes convenus de ne pas franchir la base $b\gamma$.

Mais, pour trouver la distance que nous cherchons, il est indispensable de connaître la grandeur de cet angle parallactique. Par quels moyens indirects y parviendrons-nous?

Si nous mesurons avec un rapporteur les deux angles adjacents à la base $b\, \gamma$, angles que nous avons formés nous-mêmes en visant deux fois au point l, la connaissance de ces deux angles que fournit toujours l'observation nous révélera la grandeur du troisième. En effet, tout triangle a cette propriété que la somme de ses trois angles est égale à deux angles droits, qui font 180 degrés. D'où il suit que chaque angle en particulier est le *supplément* des deux autres, c'est-à-dire égal à ce qui leur manque pour valoir 180 degrés.

Ici, l'angle au centre en γ est de 90 degrés, car il est droit comme étant formé par les deux perpendiculaires $\gamma\, b$, $\gamma\, l$. Mesuré au rapporteur l'angle aigu en b est de 68 degrés; total 158 degrés auxquels il manque 22 degrés pour faire 180 degrés ou deux angles droits. L'angle parallactique en l, celui que nous cherchons, est donc de 22 degrés.

Quand on connait les trois angles d'un triangle quelconque, on peut construire sur le papier une foule d'autres triangles plus ou moins grands, mais qui seront tous semblables au premier, en ce sens qu'ils auront exactement les mêmes angles. D'une autre part, les triangles *semblables* ont cette propriété que leurs côtés *homologues*, sont semblables aussi, en ce sens que les rapports qui existent entre les trois côtés d'un premier triangle sont identiquement les mêmes que les rapports qui existent entre les trois côtés d'un second triangle.

Formons donc sur le papier un triangle de dimension arbitraire, mais semblable au triangle d'observation $b \gamma l$, c'est-à-dire avec un premier angle de 90 degrés en γ, un second de 68 degrés en b, un troisième de 22 degrés en l. Nous n'aurons plus grand'chose à faire pour résoudre entièrement le problème.

Dans ce nouveau triangle que nous avons sous la main et que nous pouvons mesurer au compas, combien de fois le côté $b \gamma$ est-il contenu dans le côté $l \gamma$? Il est contenu 2 fois 6 dixièmes.

Mais ce plus petit côté du triangle semblable est le côté qui correspond à la base d'opération $b \gamma$, d'où nous avons visé deux fois au point l; base d'opération que nous pouvons mesurer avec une règle métrique et qui a une étendue de 18 millimètres 27 centièmes seulement.

La distance cherchée $l \gamma$ est donc égale à 18 millimètres 27 centièmes multipliés par 2.6, dont le produit dépasse à peine 47 millimètres 6 dixièmes. Telle est, en effet, la distance du point l au centre γ de l'appareil. Et, dans l'espèce, la parallaxe de ce point l est de 22 degrés.

II. Supposons, maintenant, que le point l soit un astre

et qu'il s'agisse de déterminer sa distance au centre γ de la terre.

Deux observateurs placés l'un en *b*, l'autre en *e* sur l'équateur terrestre *b e*, visent en même temps au point *l*. L'angle en *b*, nous le savons déjà est, de 68 degrés et il n'est pas difficile de voir que l'angle en *e* sera également de 68 degrés, puisque l'observateur en *e* est à une distance égale de l'autre côté du centre γ de la terre. Ces deux angles réunis donnant 136 degrés, l'angle parallactique en *l*, qui est leur supplément, sera cette fois de 44 degrés et non plus de 22 degrés comme auparavant. Ce qui doit être, car la nouvelle base d'opération est le diamètre *b e* de la terre et non plus son rayon *b* γ.

Ceci devient encore plus évident si vous concevez un troisième observateur situé au pôle nord de la terre et qui, de la station *p*, voit le point *l* se projeter à son zénith Z, comme cela lui arriverait s'il pouvait observer du centre γ de la terre.

Le grand triangle *b l e*, donné par l'observation, se décompose donc en deux triangles *b l* γ et γ *l e* qui sont identiques. Et cette fois encore on peut construire sur le papier un petit triangle *semblable* dont le côté *l* γ contiendra 2 fois 6 dixièmes de fois le côté *b* γ.

Ce côté *b* γ, rayon de la terre, a 1,594 lieues d'étendue. Multipliant 1,594 par 2.6, on trouve 4 mille 144 lieues 4 dixièmes pour la distance du point *l* au centre γ de la terre.

Ces 4,000 lieues sont loin des 47 millimètres de tout à l'heure ; mais il ne faut pas oublier combien diffèrent entre elles les deux bases d'opération qui dominent les éléments du calcul dans l'un et l'autre cas. La première n'avait que 18 millimètres, la seconde compte 1,594 lieues.

III. Deux observateurs placés en b et en p obtiendraient encore le même résultat avec un autre triangle d'observation blp, dont la base est la corde de l'arc bp.

L'angle aigu en b de ce nouveau triangle est plus petit que 68 degrés, mais son angle obtus en p est d'autant plus grand. Réunis ensemble, ils mesurent 158 degrés puisque l'angle parallactique en l, le seul qui n'ait pas changé, est toujours de 22 degrés ; total, 190 degrés.

D'une autre part, la corde bp est égale au rayon terrestre γb; comme étant sous-tendue par un arc de 90 degrés, et comme on s'en assurerait, au besoin, avec le compas. Mais nous savons déjà que la distance $l\gamma$ contient deux fois et 6 dixièmes de fois les 1,594 lieues du rayon terrestre $b\gamma$. Nous retrouvons donc de nouveau 4 mille 144 lieues pour la distance du point l au centre de la terre.

C'est avec des moyens semblables qu'on est parvenu à mesurer la parallaxe et la distance de la lune, qui est à 96 mille lieues de la terre et dont l'angle parallactique est de 1 degré environ. Avec le secours de la trigonométrie sphérique, on n'a plus besoin de construire des triangles semblables. Mais il y a trois choses que l'observation peut seule donner : la base d'opération et les deux angles attenant à cette base.

IV. Si la base $b\gamma$ avait une étendue de 38 millions de lieues comme le rayon de l'orbite terrestre, la distance du point l serait égale à ce nombre multiplié par 2.6 ; ce qui donnerait près de 99 millions de lieues.

Mais si l'étendue de la base d'opération diminuait au lieu d'augmenter, si elle devenait trop petite, il n'y aurait plus moyen de prendre la parallaxe. Supposez que la base $b\gamma$, au lieu d'avoir 18 millimètres, n'ait plus qu'un quart de millimètre; alors l'angle en *b* serait si peu différent d'un angle droit, qu'on essayerait en vain d'apprécier la différence. Par suite, impossibilité de déterminer la distance du point *l*. Quelque chose d'analogue arrive à l'égard des étoiles. Elles sont tellement éloignées de nous, que, par rapport à cet éloignement, les 1,594 lieues du rayon de la terre, ou même les 76 millions de lieues du diamètre de l'orbite terrestre, sont quelque chose d'aussi exigu que le quart de millimètre dont il vient d'être parlé.

Dans la parallaxe, tout dépend donc de la grandeur de la base. Pour la lune seulement, le rayon terrestre est une base suffisante qui donne un angle parallactique d'un degré, facilement appréciable. Pour le Soleil, le rayon terrestre est déjà une base trop petite, car l'angle parallactique n'est plus que de quelques secondes de degrés. Aussi, quand il faut déterminer la distance de la terre au Soleil, les astronomes ont-ils recours aux passages de Vénus sur le disque du Soleil.

En prenant pour base le diamètre de l'orbite de la terre, et on y parvient en observant deux fois le même astre dans l'intervalle de six mois, on a la *parallaxe annuelle* des planètes. Parallaxe très-sensible qui donne leur distance relative, la seule que nous ayons besoin de connaître dans l'étude des lois qui régissent le système planétaire.

A Copernic revient l'honneur d'avoir découvert la parallaxe annuelle, dont Képler a su tirer un si grand parti. C'est Aristarque de Samos, qui, le premier, a trouvé la parallaxe de la lune, il y a deux mille ans. Aristarque de Samos, il ne faut pas l'oublier, enseignait déjà les deux mouvements de la terre et mourut victime de ses convictions.

EXERCICES

Pour répondre à une question, nous l'avons déjà dit, il suffit de représenter sur l'appareil la donnée qu'elle indique; après cela, il n'y a plus qu'à lire les résultats de l'opération. Quelques exemples vont nous habituer à ce nouveau genre de lecture.

I. On demande la latitude d'un lieu où le pôle a une hauteur de 40 degrés au-dessus de l'horizon.

Amenez le pôle P à 40 degrés au-dessus du point *h* de l'horizon *h h'*. Vous voyez aussitôt que la distance zénithale E Z de l'Équateur est également de 40 degrés. C'est la latitude demandée.

En effet, la latitude géographique a pour mesure l'arc céleste E Z et elle est toujours égale à la hauteur du pôle (voyez p. 31).

II. On veut connaître la hauteur de l'Équateur céleste au-dessus de l'horizon d'un lieu dont la latitude est de 20 degrés.

La latitude étant égale à la hauteur du pôle, amenez le pôle P à 20 degrés au-dessus du point *h* de l'horizon *h h'*. Dans ces conditions, la hauteur *h'*E de l'Équateur est de 70 degrés.

Cela devait être, puisque la hauteur de l'Équateur est le complément de la latitude, et que $70° + 20° = 90°$, mesure d'un angle droit.

III. Quelle est la distance zénithale du pôle sous une latitude de 60 degrés?

Le pôle P étant à 60 degrés au-dessus du point h de l'horizon, la distance PZ du pôle au zénith est de 30 degrés.

Cela devait être encore, puisque la distance zénithale du pôle est le complément de sa hauteur hP, égale à la latitude indiquée, et que $30° + 60° = 90°$ ou un angle droit.

IV. Trouver la hauteur de l'Équateur en un lieu où la distance zénithale du pôle est de 10 degrés.

Placez le pôle P à 10 degrés du zénith Z. La hauteur h'E de l'Équateur est également de 10 degrés.

Il ne pouvait pas en être autrement, puisque la hauteur de l'Équateur et la distance zénithale du pôle sont toutes les deux le complément de la latitude.

Ici la latitude est l'arc céleste EZ de 80 degrés. Comme toujours elle est égale à la hauteur hP du pôle P, qui est en effet à 80 degrés au-dessus du point h de l'horizon hh'.

Tout ce qui précède nous était déjà connu, mais il n'était pas inutile de le démontrer une fois de plus. Attaquons-nous à des problèmes d'un ordre plus élevé, la solution n'en sera pas moins rapide.

V. On demande quelle est la plus grande hauteur du soleil, à midi sous une latitude de 60 degrés.

Le pôle P étant à 60 degrés au-dessus du point h de l'horizon, regardez à droite la hauteur h'D, c'est la hauteur demandée. Elle est de 53 degrés 28 minutes, soit 53 degrés et demi en chiffres ronds.

L'arc h'D se compose de la hauteur h'E de l'Équateur, qui est de 30 degrés, et de la déclinaison ED du soleil, déclinaison boréale qui est alors parvenue à son maximum de 23 degrés et demi. Total : 53 degrés et demi.

C'est le jour du solstice d'été, 22 juin, où le Soleil paraît décrire en 24 heures le tropique du Cancer CD.

VI. Trouver la latitude d'un lieu où la plus petite hauteur méridienne du Soleil est de 30 degrés.

Amenez le point F du solstice du Capricorne AF à une hauteur *h'*F de 30 degrés. La hauteur *h*P du pôle P, à gauche, sera de 36 degrés et demi.

A cette latitude, la hauteur *h'*E de l'Équateur est de 53 degrés et demi. De ce nombre retranchez 23 degrés et demi pour la déclinaison FE du Soleil, déclinaison qui cette fois est australe ; il reste bien 36 degrés et demi pour la latitude demandée.

C'est le jour du solstice d'hiver, 22 décembre, où le soleil paraît décrire le tropique du Capricorne AF.

VII. On veut savoir à quel moment la déclinaison du Soleil est nulle sous une latitude de 35 degrés.

Réponse : Lorsque la hauteur du Soleil est égale à la hauteur *h'*E de l'Équateur, c'est-à-dire de 55 degrés. En effet, pour que sa latitude soit nulle, il faut que le Soleil se trouve sur l'Équateur. C'est ce qui arrive le 21 mars, jour de l'équinoxe du printemps, et le 22 septembre, jour de l'équinoxe d'automne.

Quelle que soit la latitude, d'ailleurs, la déclinaison du Soleil est nulle à ces deux époques, où il décrit le parallèle de l'Équateur, et où le jour est égal à la nuit.

VIII. Trouver l'étendue du plus long jour de l'année sous une latitude de 40 degrés.

La ligne d'horizon *hh'* divise le cercle rabattu CRD

du Cancer en deux parties inégales dont la plus grande contient 15 divisions. Sous cette latitude, le plus long jour est donc de 15 heures et la plus petite nuit de 9 heures.

IX. Quel est l'arc de cercle qui mesure le balancement de l'horizon, à la latitude de 70 degrés?

C'est un arc de 40 degrés, deux fois plus grand que la distance zénithale PZ du pôle, distance qui est ici de 20 degrés. En effet, l'étendue du mouvement oscillatoire de l'horizon est égale à deux fois le complément de la latitude

Au lieu de la distance zénithale PZ du pôle, on peut prendre la hauteur *h'* E de l'Équateur qui, estégalement de 20 degrés. En doublant cette hauteur, on aura toujours la même mesure pour le balancement de l'horizon.

X. Quel est l'arc de cercle sous-tendu par la base de la zone de perpétuelle apparition, à la latitude de 20 degrés?

C'est un arc de 40 degrés, deux fois plus grand que la hauteur *h* P du pôle qui est ici de 20 degrés. Cet arc est donc égal à deux fois la latitude.

XI. On demande quelle est la distance zénithale de l'Équateur en un lieu de la terre où la plus grande hauteur du *pôle de l'Écliptique* au-dessus de l'horizon est de 50 degrés.

Voilà, certes, un problème embarrassant. Eh bien, l'appareil va nous aider à le résoudre en un clin d'œil.

Plaçons le pôle *g* de l'Écliptique AD à 50 degrés au-dessus du point *h* de l'horizon *hh'*, et lisons. Comme la latitude indiquée par la hauteur *h*P du pôle P, la distance EZ de l'Équateur est de 73 degrés et demi. C'est la distance zénithale demandée.

En effet, la hauteur complémentaire *h'* E de l'Équateur est de 16 degrés et demi.

XII. On cherche la latitude d'un lieu où, à un moment donné du jour, les *deux pôles de l'Écliptique* sont contenus dans le plan de l'horizon.

Juste en face du point *h* de l'horizon, amenez le pôle nord *g* de l'Écliptique AD; le pôle sud *n* de ce grand cercle se trouvera en face du point *h'* de l'horizon, qui contiendra ainsi l'axe *g n* et les deux pôles *g*, *n* de l'Écliptique. Regardez à gauche la hauteur *h* P du pôle P de l'Équateur BE, cette hauteur mesure 23 degrés et demi. C'est la latitude que vous cherchez.

XIII. Trouver la hauteur du Soleil à midi, sous la latitude de 34 degrés, le jour où le Soleil a une déclinaison boréale de 10 degrés.

Le pôle étant amené à 34 degrés au-dessus du point *h* de l'horizon, la hauteur complémentaire *h'* E de l'Équateur est de 56 degrés. A ces 56 degrés ajoutez 10 degrés pour la déclinaison boréale du Soleil, vous aurez 66 degrés. Telle est la hauteur qu'il s'agissait de déterminer.

XIV. Dites quelle est la hauteur méridienne du Soleil, sous une latitude de 42 degrés, le jour où le Soleil a une déclinaison australe de 12 degrés.

Cette fois le pôle a une hauteur *h* P de 42 degrés et la hauteur complémentaire *h'* E de l'Équateur est de 48 degrés. De ces 48 degrés retranchez 12 degrés pour la déclinaison australe du Soleil, il restera 36 degrés qui seront la hauteur en question.

En s'aidant d'une table qui donne les déclinaisons du Soleil, on peut ainsi trouver la hauteur méridienne de cet astre pour tous les jours de l'année et sous toutes les latitudes possibles.

XV. Dire à quelle latitude la hauteur méridienne du solstice d'été est de 48 degrés.

Placez le point solsticial D du tropique du cancer CD à 48 degrés au-dessus du point *h'* de l'horizon ; la hauteur *h* P du pôle P est de 65 degrés et demi. C'est la latitude qu'on vous demande.

Nous n'en finirions pas si nous voulions énumérer ici tous les problèmes, faciles ou difficiles, que l'appareil peut résoudre en un instant ; il y aurait de quoi remplir des volumes. Nous ne sommes donc pas tombé dans l'exagération quand nous avons parlé de ses nombreuses propriétés. En faisant successivement passer sous les yeux tous les tableaux qu'on veut étudier, en représentant tour à tour les aspects si variés de la sphère céleste, il simplifie et il rend attrayante l'étude de l'Astronomie, jusqu'à ce jour si aride et si peu répandue, parce qu'on demande de trop grandes connaissances et de trop grands efforts à ceux qui voudraient l'apprendre. C'est l'enseignement par l'*aspect* appliqué pour la première fois à l'Astronomie avec le secours d'un nouveau genre d'écriture et de lecture. C'est une nouvelle méthode enfin que j'appellerai la *Méthode coopérative*, celle où les élèves et le professeur pensent ensemble, travaillent ensemble et ne font plus qu'un ; les élèves lisant à haute voix ce que l'instrument écrit sous la main, sous la dictée du maître.

Ainsi procède la mère qui fait épeler son enfant. Elle met le doigt sur telle ou telle lettre de l'alphabet, aussi souvent qu'il le faut pour que le petit étourdi arrive enfin à s'y reconnaître : coopération naïve, aussi puissante que gracieuse, où le cœur et l'esprit viennent au secours de l'ignorance.

Voilà l'exemple à suivre. C'est celui qu'un grand professeur, Émile Chevé, sut si bien imiter, dans l'enseignement de la musique.

TROISIÈME PARTIE

CLAVIER ASTRONOMIQUE

Avant tout, tâchons d'exposer en peu de mots et aussi clairement que possible les trois grandes lois dont la découverte a immortalisé le nom de Képler, si justement surnommé le *Législateur de la science Astronomique.*

PREMIÈRE LOI

« *Les orbites que parcourent les planètes sont des ellipses dont le Soleil occupe un des foyers.* »

Il faut entendre par là que, dans sa révolution autour du Soleil, chaque planète décrit, non pas une circonférence de cercle comme le croyaient les anciens, mais une circonférence d'un genre à part, plutôt ovale que ronde, dont toutes les parties n'ont pas la même courbure, dont tous les rayons ne sont pas égaux, et sur le grand diamètre de laquelle le Soleil occupe une position excentrique.

Une planète n'est donc pas toujours à la même distance du Soleil; elle se rapproche ou s'éloigne tour à tour de cet astre. Le *périhélie* est le point de l'orbite où la planète est à sa plus petite distance; l'*aphélie* est le point où elle est à sa plus grande distance. C'est ce qu'on appelle les *apsides*.

Le centre mathématique d'une ellipse est situé juste au milieu de son grand axe, à l'endroit où le plus petit diamètre le rencontre. On donne le nom de *foyers* à deux points symétriques, placés sur le grand axe à égale distance du centre, et dont le rapprochement ou l'éloignement détermine la forme plus ou moins allongée de l'ellipse. La distance comprise entre le centre et le foyer où se trouve le Soleil, sert à mesurer l'*excentricité* de l'orbite.

Généralement, la courbe orbitaire des planètes a peu d'excentricité, et il semblerait que les différents arcs dont elle compose ont d'autant moins de courbure que chacun de leurs points est plus éloigné du soleil. S'il en était ainsi, la forme de l'orbite ne serait pas tout à fait celle de l'ellipse mathématique, mais quelque chose d'approchant. Quoi qu'il en soit, c'est Képler qui le premier, a vu et prouvé par l'observation que les distances d'une planète ne sont pas toujours les mêmes; chose naturelle d'ailleurs, qui n'étonne plus personne aujourd'hui, mais que n'admettait aucun de ses prédécesseurs, pas même Copernic. « Le cercle, disait un vieil adage, est la forme parfaite ; et, comme tout doit être parfait dans le ciel, les orbites planétaires ne peuvent pas être autre chose que des cercles parcourus avec des vitesses uniformes, autre genre de perfection non moins indispensable. » Voilà les croyances enfantines qui, pendant des siècles, ont retardé les progrès de l'Astronomie. Ceux mêmes qui, les premiers eurent le courage d'accepter la découverte de Képler, ne s'en consolaient qu'en remplaçant l'ancien préjugé par un nouveau. « L'ellipse, disaient-ils, est une forme encore plus parfaite que le cercle, car elle est le symbole de l'amour ; et c'est pour cela que les planètes décrivent des ellipses. » L'esprit de l'homme ne se lassera-t-il donc jamais de jouer ainsi avec les mots !

SECONDE LOI

« *Les rayons vecteurs des planètes décrivent des aires égales en temps égaux.* »

Chaque planète a un mouvement variable qui correspond à ses différentes distances ; elle va plus vite quand elle se rapproche du Soleil, elle va moins vite quand elle s'en éloigne. Il y a plus : toutes ces accélérations et tous ces ralentissements de vitesse sont dans un rapport constant avec les changements de distance. Autant la distance diminue, autant la vitesse augmente ; plus l'éloignement grandit, plus le mouvement décroît. D'où cette loi de proportion : La *petite vitesse* est à la *grande distance* comme la *grande vitesse* est à la *petite distance*. En d'autres termes, les différentes vitesses d'une planète sont en raison inverse de ses distances au Soleil ou, ce qui revient au même, les arcs qu'elle parcourt en un temps donné sont inversement proportionnels aux distances qui la séparent du centre radieux de ses mouvements.

On nomme *rayon vecteur* la ligne droite qui va du Soleil à la planète, et qui, se déplaçant sans cesse avec elle, semble l'emporter dans l'espace.

Cela étant, si, du centre du Soleil aux deux extrémités de l'arc parcouru, vous menez deux lignes droites qui représenteront les deux positions extrêmes du rayon vecteur, vous aurez un triangle dont la surface, dont l'aire, aura pour mesure la moitié du produit que l'on obtient en multipliant la hauteur du triangle par sa base. Or, en comparant entre elles toutes les surfaces, toutes les aires, ainsi décrites par le rayon vecteur qui conduit la planète dans sa marche, on trouve que toujours ces aires sont proportionnelles au temps employé à les parcourir. D'où il résulte que les aires décrites en temps égaux sont égales entre elles, comme le dit la seconde loi de Képler.

Cela devait être, puisque *Les différentes vitesses d'une planète sont en raison inverse de ses différentes distances au soleil.*

Sous cette nouvelle forme, la seconde loi devient plus saisissante et plus claire pour le lecteur qui, peu habitué aux démonstrations géométriques, veut connaître avant tout les résultats de l'observation.

TROISIÈME LOI

« Les carrés des temps des révolutions des planètes sont entre eux comme des cubes de leurs distances moyennes au Soleil. »

A première vue, beaucoup de personnes ont peine à comprendre cette loi si importante dont la découverte est peut-être ce qui montre le mieux la puissance de l'esprit humain.

Ramenée à sa plus simple expression, voici ce que la formule donne à entendre. Si vous multipliez une fois par lui-même le chiffre qui détermine la durée de la révolution annuelle d'une planète et si vous multipliez deux fois par lui-même le chiffre qui détermine la distance de cette même planète au Soleil, vous obtenez deux produits qui sont égaux.

Soit Mars, dont la distance est 4 fois plus grande que celle de Mercure et dont la révolution s'accomplit en un temps 8 fois plus long. En multipliant le temps une fois par lui-même, vous avez $8 \times 8 = 64$, et ce produit est le *carré* du temps de Mars. D'un autre côté, en multipliant la distance deux fois par elle-même, vous avez $4 \times 4 \times 4 = 64$, second produit égal au premier et qui est le *cube* de la distance de Mars au Soleil.

La distance d'Uranus est 49 fois plus grande et son temps 343 fois plus long. Formez le carré de 343 et le cube de 49; dans les deux cas, le produit sera 117,649 qui est à la fois le *carré* du temps et le *cube* de la distance d'Uranus.

Ce qui est vrai pour Mars et pour Uranus l'est également pour toutes les autres planètes.

Maintenant, si nous comparons à celle de Mercure la vitesse moyenne des autres planètes, nous allons trouver que les vitesses relatives sont en raison inverse des *racines carrées* des distances. La racine carrée d'un nombre est le chiffre qui, multiplié par lui-même, reproduit ce nombre. Ainsi 2 est la racine carrée de 4, parce que $2 \times 2 = 4$; et 7 est la racine carrée de 49, parce que $7 \times 7 = 49$.

Comparé à Mercure, Mars, avec une distance 4 fois plus grande, a une vitesse 2 fois plus petite seulement. La racine carrée de 4 étant 2, il suit de là que la vitesse de Mercure est en raison inverse de la racine carrée de la distance de cette planète au Soleil.

Mais, d'un autre côté, la *racine cubique* d'un nombre est le chiffre qui, multiplié deux fois par lui-même, reproduit ce nombre. Ainsi 2 est la racine cubique de 8, parce que $2 \times 2 \times 2 = 8$. Or, comparé à celui de Mercure, le temps de la révolution de Mars est 8 fois plus grand, tandis que la vitesse de cette planète n'a pas cessé d'être 2 fois plus petite. Nous pourrons donc également dire que la vitesse de Mars est en raison inverse de la *racine cubique* du temps de sa révolution.

Il en est de même pour Uranus, dont la vitesse n'est que 7 fois plus grande avec une distance 49 fois plus considérable, et un temps 343 plus long ; il en est de même pour toute autre planète.

Toujours on trouve ce double fait que les vitesses comparées sont en raison inverse des *racines carées* des distances et aussi en raison inverse des *racines cubiques* des temps.

Et c'est précisément pour cela que les *carrés* des temps sont égaux aux *cubes* des distances.

On peut donc énoncer la troisième loi sous cette autre

forme qui va droit au but : « *Les vitesses respectives de deux planètes sont réciproques au racines carrées de leurs distances au Soleil.* »

Telles sont les trois lois qui régissent les mouvements des astres. Elles ont été découvertes, il n'y a pas encore trois cents ans, par Képler, un des plus puissants génies qu'ait enfantés l'Allemagne, mais que l'ingratitude de ses contemporains laissa mourir, sinon dans l'oubli, du moins dans la misère. Immense et non exempt d'orgueil fut le bonheur moral qu'éprouva ce sublime novateur lorsque ses longs et pénibles travaux lui eurent enfin révélé les lois harmonieuses de l'univers. « *Le dé en est jeté*, s'écria-t-il, *j'écrirai ce livre..... il sera lu dans l'âge présent ou dans la postérité..... peu importe! Il peut attendre son lecteur..... Dieu a bien attendu six mille ans avant de trouver un contemplateur de ses œuvres.* »

Cinquante ans plus tard, le livre de Képler avait trouvé un lecteur digne de lui. C'était Newton, que l'Angleterre sut honorer pendant sa vie, et qu'elle divinisa presque après sa mort.

Les Allemands eux-mêmes finirent par se montrer reconnaissants envers le plus grand de leurs astronomes. Ils élevèrent une statue au *Législateur de l'Astronomie*, mais après combien de temps et à quelle époque?... Après deux siècles... en 1808... comme pour placer une ombre protectrice entre la Germanie et le bras du nouveau César qui faisait alors trembler le monde entier.

CONTRADICTION APPARENTE

On aura remarqué sans doute qu'il y a un semblant

de contradiction entre la seconde et la troisième loi. En effet, les différentes vitesses d'une même planète dans son orbite sont réciproques *aux distances*, tandis que les vitesses moyennes de deux planètes différentes sont réciproques *aux racines carrées des distances*. D'où il suit que, dans un cas, les aires décrites par le rayon vecteur sont égales en temps égaux ; tandis que, dans l'autre cas, les aires décrites par le rayon vecteur augmentent comme les racines carrées des distances. L'antinomie ne peut qu'être apparente, mais elle n'existe pas moins et elle a eu de graves conséquences.

De la seconde loi Képler tirait cette conclusion fort naturelle, que l'attraction s'exerce *en raison inverse des distances*.

De la troisième loi Newton a conclu que l'attraction s'exerce *en raison inverse du carré des distances*.

Ayant à se prononcer entre ces deux maîtres, la science classique a pris parti pour Newton. A-t-elle bien fait? Oui, s'il faut en croire de grands géomètres tels que Lagrange et Laplace ; non, s'il faut tenir compte des protestations de quelques mathématiciens tels que Leibnitz et Huyghens. L'avenir en décidera.

L'opinion de Képler semble plus conforme aux lois de proportion que suit ordinairement la nature. Dans la théorie de Newton, au contraire, il faut admettre que, malgré la vitesse qui les anime, les planètes descendent vers le Soleil tout autant que si, n'ayant aucun mouvement tangentiel, elles étaient abandonnées à la seule action de la pesanteur. Mais, même pour ceux qui pensent que Newton a été trop loin en faisant, d'une loi particulière aux sinus-verses, la loi générale de l'attraction, le géomètre anglais n'en a pas moins su mesurer de combien chaque planète tombe vers le Soleil dans l'unité de temps, et mettre à profit une formule nouvelle qui s'adapte heureusement au calcul et qui a été féconde en découvertes. Le livre des *Principes* est d'ailleurs un chef-d'œuvre où sont magistralement traitées toutes les questions relatives à la gravitation des astres, et qui assure à son auteur une gloire impérissable. Sans les découvertes de Képler, Newton n'eût probablement pas écrit son chef-d'œuvre ; mais sans les découvertes de Newton, peut-être les lois de Képler seraient-elles encore méconnues aujourd'hui.

LA DISTANCE — LE TEMPS — LA VITESSE

Le tableau suivant donne le nom des planètes, leur distance au Soleil, le temps de leur révolution annuelle et leur vitesse. Le tout réduit à l'unité de Mercure dont la distance réelle est de 15 millions de lieues, la révolution de 87 jours 97 centièmes, et la vitesse de 49,524 mètres, c'est-à-dire de 12 lieues un tiers par seconde.

Entre Mars et Jupiter, on a découvert, depuis le commencement du siècle, une centaine d'astéroïdes planétaires qui sont comme la petite monnaie d'une grande planète comblant une lacune déjà signalée par Képler. Ces petites planètes ont reçu le nom de *Télescopiques* parce qu'elles ne sont visibles qu'avec le secours du télescope. Une seule est représentée sur le tableau, *Maximiliana*, la plus éloignée de toutes, mais qu'une circonstance heureuse désignait à notre choix : sa distance était la seule qui permît d'introduire un nombre entier parmi tant de quantités fractionnaires.

NOMS	DISTANCES	TEMPS	VITESSES
Mercure . .	1.»»»»	1.»»»»	1.»»»»
Vénus . . .	1.8686	2.5543	$\frac{1}{1.3669}$
Terre . . .	2.5833	4.1521	$\frac{1}{1.6073}$
Mars. . . .	3.9362	7.8093	$\frac{1}{1.9840}$
Maximiliana .	9.»»»»	27.»»»»	$\frac{1}{3}$
Jupiter. . .	13.4405	49.2745	$\frac{1}{3.6661}$
Saturne . .	24.6419	122.5239	$\frac{1}{4.9640}$
Uranus. . .	49.5549	348.8427	$\frac{1}{7.0395}$
Neptune . .	77.5912	683.5206	$\frac{1}{8.8088}$

Tels sont, déduits de l'observation même, les éléments de la *distance*, du *temps* et de la *vitesse* pour chaque planète.

La réduction à l'unité de Mercure offre ce grand avantage de pouvoir embrasser d'un coup d'œil l'ensemble des trois principaux éléments qu'il est indispensable de connaître.

Après cela, rien de plus facile que de chiffrer les

distances en lieues, les temps en jours ou en années, les vitesses en mètres.

On obtient la distance réelle en multipliant par 14,709,878 lieues le nombre qui donne la distance relative.

On obtient le temps réel de la révolution en multipliant par 87 jours 969 millièmes le nombre qui donne le temps relatif.

Enfin, on a la vitesse réelle en divisant 49,521 mètres par le dénominateur de la fraction qui donne la vitesse relative.

De récentes observations porteraient à croire que les chiffres adoptés aujourd'hui pour les distances ne sont pas tout à fait exacts. Les chances d'erreur s'élèveraient peut-être même à un trente-huitième sur les 38 millions de lieues que l'on attribue à la distance de la terre. Très-probablement la différence ne dépasse pas ces limites restreintes; mais, dût-elle les dépasser de beaucoup, que cela ne changerait absolument rien aux *rapports* qui existent entre les distances, les temps et les vitesses de toutes les planètes. Quelles que puissent être la grandeur matérielle des distances et, par suite, les vitesses, ces dernières n'en seront pas moins réciproques à la racine carrée des distances et à la racine cubique des temps, qui eux-mêmes ne sont pas en question. Les lois de Képler sont donc mathématiquement vraies et à l'abri de toute discussion. C'est là une bonne fortune qui fait de l'Astronomie une science vraiment exacte, et qui, après tant d'autres titres, lui assigne un rang à part.

En ce qui concerne les éléments du système planétaire, on trouvera tous les renseignements désirables dans les tableaux synoptiques qui terminent cet ouvrage. Pour le moment, nous avons à poursuivre la recherche d'un moyen pratique qui nous permette d'appliquer nous-mêmes à l'étude des astres les notions que nous venons d'acquérir. Dans ce but, il ne faut reculer ni devant les investigations patientes, ni devant les répétitions monotones. Si nous réussissons, l'utilité et l'attrait des résultats nous récompenseront amplement de nos peines.

PROPORTION NOUVELLE

I. En lisant avec attention la quatrième colonne du tableau précédent, nous remarquons que la fraction qui représente la vitesse a toujours pour dénominateur un nombre qui est la *racine carrée* du nombre par lequel est représentée la distance. D'où il suit, ce que nous savons déjà, qu'en multipliant ce dénominateur par lui-même, nous devons reproduire la distance.

Ainsi, pour Mars, le dénominateur 1.9840 multiplié par 1.9840, donne 3.9362, nombre qui désigne la distance de Mars au Soleil, laquelle est, comme on le voit, presque 4 fois plus grande que celle de Mercure.

La planète télescopique *Maximiliana* nous offre un exemple encore plus saillant. N'étant que le tiers de la vitesse de Mercure, sa vitesse a pour expression une fraction dont le dénominateur 3 multiplié par 3 ramène la distance 9.

Même résultat pour toutes les autres planètes, comme on peut s'en assurer en effectuant chaque fois le même genre de calcul.

II. D'un autre côté, nous voyons que le dénominateur de la fraction qui représente la vitesse est également la *racine cubique* du nombre par lequel est représenté le temps. D'où il résulte qu'en multipliant ce dénominateur 2 fois par lui-même, nous devons avoir le temps.

En effet, pour *Maximiliana*, le dénominateur $3 \times 3 \times 3 = 27$, qui est le temps de la cette petite planète, dont la révolution dure 27 fois plus que celle de Mercure.

Pour Mars, le dénominateur $1.9840 \times 1.9840 \times 1.9840 = 7.8093$, temps qui dure presque 8 fois plus que celui de Mercure.

Pour Uranus, le dénominateur $7.0395 \times 7.0395 \times 7.0395 = 348.8427$, temps qui est 349 fois plus long que celui de Mercure, c'est-à-dire d'environ 84 ans.

Ainsi de suite pour toutes les autres planètes.

Dans tout cela, il n'y a plus rien qui nous étonne, puisque les lois de Képler nous avaient déjà appris que les vitesses respectives de plusieurs planètes sont réciproques aux *racines carrées* des distances et aux *racines cubiques* des temps. Ce qui prouve que la *distance*, le *temps* et la *vitesse* sont trois éléments étroitement liés entre eux et dans un rapport constant.

III. La racine carrée d'un nombre s'écrit de deux manières : soit directement, avec le chiffre que le calcul a fourni, soit indirectement et avant tout calcul, par le nombre lui-même placé sous le signe radical $\sqrt{}$ pour éviter toute méprise. Profitant de cette circonstance, nous pouvons écrire la fraction sous une autre forme, et alors, si nous désignons la vitesse par la lettre V, nous aurons :

Pour *Maximiliana*, $V = \frac{1}{\sqrt{9}}$

Pour Mars, $V = \frac{1}{\sqrt{3.9362}}$

Pour Uranus, en chiffres ronds, $V = \frac{1}{\sqrt{49}}$

Le chiffre placé sous le radical étant toujours la distance, désignons celle-ci par la lettre D, et alors la valeur de la vitesse, quelle qu'elle soit, nous sera donnée par cette formule générale, qui, bien qu'écrite en langage algébrique, n'est pas difficile à comprendre.

$$V = \frac{1}{\sqrt{D}}$$

Mais le rapport qui existe entre le numérateur et le dénominateur de cette fraction existe également entre la *distance* et le *temps* d'une planète. A ce nouveau point de vue, nous pouvons encore dire que la vitesse est égale à la *distance* divisée par le *temps*.

En effet, la vitesse d'un mobile quelconque est proportionnelle à l'espace que ce mobile parcourt dans un intervalle de temps donné. Ainsi, la vitesse d'une locomotive qui fait 14 lieues par heure est, en une minute, égale à la soixantième partie de 14 lieues, c'est-à-dire de 933 mètres. Tandis que la vitesse d'un homme qui fait une lieue par heure est, en une minute, égale à la soixantième partie d'une lieue, c'est-à-dire de 66 mètres 6 dixièmes. En une seconde, la locomotive avance de 15 mètres et demi, et l'homme de 1 mètre 1 dixième seulement, 14 fois moins.

En Astronomie, lorsque l'on considère les vitesses moyennes, le chemin parcouru est une circonférence de cercle ; et la géométrie élémentaire démontre que toutes les circonférences, grandes ou petites, sont entre elles comme leurs rayons. Mais ici le rayon est lui-même la distance d'une planète au Soleil. Nous pouvons donc remplacer le chemin parcouru par la distance, et dire que la vitesse d'une planète est égale à sa *distance* D divisée par le *temps* T de sa révolution. Ce qui, en désignant toujours la vitesse par V, nous donne pour sa valeur :

$$V = \frac{D}{T}.$$

Afin de mieux le prouver encore, prenons un exemple. Divisons la distance de *Maximiliana* par le temps de sa révolution, nous aurons pour l'expression de sa vitesse :

$$V = \frac{9}{27}$$

Fraction dont le numérateur 9 est la *distance* de la planète, et le dénominateur 27 le *temps* de sa révolution.

Mais $\frac{9}{27} = \frac{1}{3}$ et le nouveau dénominateur 3 est la *racine carrée* du premier dénominateur 9, qui représente la *distance*. La vitesse est donc à la fois égale à la *distance* divisée par le *temps*, et égale à l'*unité* divisée par la *racine carrée de la distance*, ce qui, en notation littérale, donne :

$$V = \frac{D}{T} \text{ et } V = \frac{1}{\sqrt{D}}$$

En d'autres termes, ces deux expressions de la valeur de la *vitesse* V mettent à notre disposition deux rapports égaux. Or, de quoi se compose une proportion, si ce n'est de deux rapports qui sont égaux. Donc, de ce que la distance divisée par le temps est égale à l'unité divisée par la racine carrée de la distance, il résulte que :

« La *distance* d'une planète est au *temps* de sa révolution comme l'*unité* est à la *racine carrée de sa distance.* »

Proportion nouvelle, entièrement conforme à la troisième loi de Képler, mais qui simplifie la question et qui, d'une manière abréviative, peut s'écrire ainsi :

$$D : T :: 1 : \sqrt{D}$$

Nous sommes arrivé bien lentement à ce dernier résultat, mais il fallait être clair avant tout, et ne rien avancer sans preuves de nature à être comprises par les personnes les plus étrangères aux mathématiques. Encore un peu de persévérance, et le but est atteint.

PROPRIÉTÉS DE LA NOUVELLE FORMULE

Dans toute proportion, le produit des *moyens* est égal au produit des *extrêmes*. Ceux qui ne le sauraient pas encore l'auraient bientôt appris. Soit une proportion telle que $6 : 3 :: 4 : 2$, il est facile de voir que ses deux termes extrêmes 6 et 2, multipliés l'un par l'autre, et ses deux termes moyens 3 et 4, multipliés l'un par l'autre, donnent le même produit, qui est 12.

Dans la proportion littérale $D : T :: 1 : \sqrt{D}$ les deux moyens sont T et 1, tandis que les deux extrêmes sont D et $\sqrt{D}$. Il en résulte que $T \times 1 = D \times \sqrt{D}$, ou, ce qui revient au même, que $T = D.\sqrt{D}$.

Cela étant, la proportion nouvelle nous fera trouver

rapidement, soit la valeur de la distance, soit la valeur du temps, soit la valeur de la vitesse.

I. Le temps $T = D.\sqrt{D}$

Rendons ce fait évident par un exemple numérique. Le temps de *Maximiliana* = 9 × 3, qui font 27, produit de sa distance 9 par 3, qui est la racine carrée de cette distance 9.

II. La distance $D = \frac{T}{\sqrt{D}}$

La distance de *Maximiliana* $= \frac{27}{3}$, qui font 9, quotient du temps 27 divisé par 3, racine carrée de la distance 9.

III. Quant à la valeur de la vitesse, nous savons déjà qu'on l'obtient en écrivant la proportion sous forme de fraction.

$$V = \frac{D}{T} \quad \text{ou encore } V = \frac{1}{\sqrt{D}}$$

La vitesse de *Maximiliana* $= \frac{9}{27}$, fraction qui, réduite à sa plus simple expression, devient $\frac{1}{3}$. Dans le premier cas, le numérateur 9 est la distance et le dénominateur 27 est le temps. Dans le second cas, le numérateur est l'unité, et le dénominateur est 3, racine carrée de la distance 9.

Prenez toute autre planète, et toujours, soit pour le temps, soit pour la distance, soit pour la vitesse, les chiffres que vous obtiendrez seront d'accord avec les lettres de la notation algébrique.

IV. Mais nous avons vu que la *racine cubique* du temps est égale à la *racine carrée* de la distance. D'où cette troisième manière d'exprimer la valeur de la vitesse qui anime une planète :

$$V = \frac{1}{\sqrt[3]{T}}$$

En effet, la vitesse de *Maximiliana* $= \frac{1}{3}$, fraction dont le dénominateur 3 est la racine cubique du temps, qui est 27. En effet, $3 \times 3 \times 3 = 27$.

Ayant ainsi le moyen de trouver vite et sans peine chacun de ces trois éléments, la *distance*, le *temps* et la *vitesse*, on peut vérifier à loisir l'exactitude des lois qui régissent le système planétaire. Enfin, comme l'unité figure toujours dans la proportion, il suffit de connaître un seul élément pour trouver les deux autres. Étant donnée la *distance*, on en déduit immédiatement le *temps* et la *vitesse*. Si le *temps* est connu, on a la *distance* et la *vitesse* ; et, avec la connaissance de la *vitesse* seulement, on trouve presque instantanément le *temps* et la *distance*.

La partie du travail la plus longue et la plus difficile serait l'extraction des racines carrées et des racines cubiques, mais il y a dans beaucoup de livres des tables qui renferment ces deux sortes de racines. Si bien que ceux des lecteurs qui auront compris la méthode, chose peu difficile, seront en état de prédire la durée de la révolution d'une planète nouvelle, et de déterminer la vitesse de sa marche, aussitôt que la découverte en aura été annoncée, avec sa distance au Soleil. Leur prédiction sera, en tous points, d'accord avec celle des astronomes les plus savants, et confirmée plus tard par les faits d'observation.

Avant de finir, exerçons-nous la main en cherchant à résoudre quelques petits problèmes, et, de peur de fatiguer l'attention des débutants, contentons-nous de prendre des chiffres ronds.

EXERCICES

I. On demande le *temps* d'une planète dont la *distance* serait 4 fois plus grande que celle de Mercure.

La distance donnée étant 4, dont la racine carrée est 2, voilà déjà deux termes connus dans la proportion $D : T :: 1 : \sqrt{D}$ qui devient ainsi :

$$4 : T :: 1 : 2$$

Proportion nouvelle qui ne contient plus qu'une seule inconnue T, le temps que nous cherchons. Le produit des *moyens* étant égal au produit des *extrêmes*, la valeur de l'inconnue est :

$$T = 4 \times 2 = 8$$

Le problème est résolu. Le temps demandé est 8 fois plus grand que celui de Mercure, qui compte 87 jours 969 millièmes; il est donc de 703 jours 752 millièmes, qui font 1 an 92 centièmes, tout près de deux ans.

C'est un peu plus que la durée de la révolution de Mars, dont la distance n'atteint pas tout à fait le chiffre 4 et dont la révolution s'accomplit en 686 jours 99 centièmes, qui font 1 an 88 centièmes, un peu moins de 23 mois.

II. Si la distance donnée eût été 9, au lieu de 4, la proportion serait devenue :

9 : T : : 1 : 3, racine carrée de 9.

D'où T = 9 × 3, dont le produit est 27. Ce qui veut dire que, pour une planète 9 fois plus éloignée que Mercure, la durée de la révolution serait 27 fois plus longue que 87 jours 969 millièmes. Cette durée serait donc de 2,375 jours 46 centièmes, c'est-à-dire de 6 ans et demi.

Telle est presque le temps de la petite planète *Maximiliana*, découverte le 8 mars 1861 par M. Tempel, et dont la distance est presque 9 fois plus grande que celle de Mercure. Les différences sont si faibles que nous avons pu ne pas les mettre sur le tableau ; mais, quand on en tient compte, la loi générale se vérifie ici comme partout ailleurs.

III. Avec une distance 25, la proportion devient :

25 : T : : 1 : 5, racine carrée de 25.

D'où T = 25 × 5 = 125. Dans ce cas, le temps serait 125 fois plus long que celui de Mercure, c'est-à-dire de 10,996 jours, qui font un peu plus de 30 ans.

A peu de chose près, c'est ce qui arrive pour Saturne, dont la distance est 24.6419 et dont le temps est de 10,759 jours 22 centièmes, qui ne font pas tout à fait 29 ans et demi.

IV. Si la distance donnée eût été 49 fois plus grande que celle de Mercure, nous aurions eu la proportion :

49 : T : : 1 : 7, racine carrée de 49.

D'où le temps cherché T = 49 × 7, dont le produit

est 343. Ce temps, 343 fois plus long que celui de Mercure, serait donc de 30,163 jours, c'est-à-dire de 82 ans et demi.

A peu de chose près encore, il en est ainsi pour la planète Uranus, découverte le 13 mars 1781, par le célèbre Herschell.

Le temps de sa révolution autour du Soleil, qui atteint presque le chiffre 349, est de 84 ans, et sa distance 49 fois et *demie* plus grande que celle de Mercure, dépasse 700 millions de lieues. La première révolution d'Uranus, depuis 1781, vient de s'accomplir tout dernièrement, dans l'intervalle de temps fixé par la loi de Képler. A l'heure qu'il est, l'œil, avec le secours de la lunette, peut encore retrouver cette planète dans la constellation des Gémeaux, à la place où le puissant télescope d'Herschell la rencontra d'abord.

V. Enfin, si on venait à découvrir demain une nouvelle planète 16 fois plus loin du Soleil que Mercure, la proportion donnerait :

16 : T : : 1 : 4, racine carrée de 16.

D'où l'inconnu T = 16 × 4, c'est-à-dire 64. La révolution de cette planète serait donc 64 fois plus longue que la révolution de Mercure. Elle renfermerait 64 fois 87 jours 969 millièmes ou 5,630 jours, qui font 15 ans 44 centièmes, presque 15 ans et demi. Si cette découverte, d'ailleurs peu probable, venait par hasard à se réaliser, affirmez sans crainte que telle est la durée de la révolution de la nouvelle planète autour du Soleil.

Après un délai de 16 ans, vous verrez vous-même la prédiction s'accomplir.

DISTANCES

Voyons maintenant comment il faut s'y prendre pour trouver la distance quand le temps seul est donné. Au besoin, l'emploi des mêmes chiffres nous facilitera la besogne.

1. On demande la distance d'une planète dont le temps serait 8 fois plus long que celui de Mercure.

Ici la distance D et sa racine carrée $\sqrt{D}$, nous étant inconnues, la proportion D : T : : 1 : $\sqrt{D}$ ne peut plus nous servir. Mais, comme la racine cubique du temps est égale à la racine carrée de la distance, nous pouvons en toute assurance remplacer $\sqrt{D}$ par $\sqrt[3]{T}$ et écrire D : T : : 1 : $\sqrt[3]{T}$.

Connaissant T, qui vaut 8 et sa racine cubique qui est 2, nous les introduisons dans le calcul, et alors nous avons cette proportion arithmétique :

$$D : 8 :: 1 : 2$$

Le problème est résolu. En effet, le produit des extrêmes étant égal au produit des moyens, l'inconnue $D \times 2 = 8$. Mais si deux fois $D = 8$, une fois D est égal à la moitié de 8. D'où :

$$D = \frac{8}{2} = 4.$$

La distance demandée serait donc 4 fois plus grande que celle de Mercure. Nous le savions d'avance, mais, l'eussions-nous ignoré, la méthode nous eût conduit au même résultat. L'exemple suivant va le prouver.

II. Quelle serait la distance d'une planète dont la révolution aurait une durée 216 fois plus longue que celle de Mercure?

La racine cubique de 216, que l'on peut extraire soi-même ou chercher dans les livres, est 6. Cela étant, on a la proportion :

$$D : 216 :: 1 : 6.$$

D'où il suit que 6 fois D, l'inconnue qu'il s'agit de déterminer, font 216, et, par conséquent, que l'inconnue D toute seule vaut six fois moins. Donc :

$$D = \frac{216}{6} = 36.$$

La distance demandée serait donc 36 fois plus grande que celle Mercure, c'est-à-dire de 529 millions de lieues.

Le procédé est simple, comme on voit, et nous laissons au lecteur le soin de s'exercer lui-même, en prenant pour base de son calcul les chiffres du tableau.

VITESSE

On obtient la mesure de la vitesse de trois manières : soit en divisant le temps par la distance, soit en divisant l'unité par la *racine carrée* de la distance, soit encore en divisant l'unité par la *racine cubique* du temps. En d'autres termes :

$$V = \frac{D}{T} = \frac{1}{\sqrt{D}} = \frac{1}{\sqrt[3]{T}}$$

Dans ces conditions, on a le choix lorsque la distance et le temps sont connus. Si la distance seulement est donnée, on divise l'unité par la *racine carrée* de la distance. Si le temps est le seul élément connu, on divise l'unité par la *racine cubique* du temps.

I. On demande la vitesse d'une planète dont la distance est 4 et le temps 8, comme cela arrive pour Mars, en chiffres ronds. Réponse :

$$V = \frac{4}{8} = \frac{1}{2}$$

La vitesse est ici la moitié de celle de Mercure, qui est de 49,521 mètres par seconde ; elle est donc de 24,760 mètres et demi. Ce qui fait un peu plus de six lieues par seconde.

II. Quelle est la vitesse de *Maximiliana*, dont la distance est 9 fois plus grande que celle de Mercure ?

$$V = \frac{1}{\sqrt{9}} = \frac{1}{3}$$

Cette vitesse est le tiers de la vitesse de Mercure, c'est-à-dire de 16,507 mètres, qui font 4 lieues 15 centièmes par seconde.

III. On veut connaître la vitesse d'une planète dont le temps serait 343 fois plus long que celui de Mercure, comme cela arrive presque pour Uranus.

$$V = \frac{1}{\sqrt[3]{343}} = \frac{1}{7}$$

C'est une vitesse 7 fois plus petite que celle de Mercure, c'est-à-dire de 7,074 mètres 44 centièmes qui font une lieue 7 dixièmes, un peu plus d'une lieue et demie.

Rien de tout cela n'est bien difficile, ça ne demande qu'un peu d'habitude.

LA DISTANCE ET LE TEMPS

Avant de terminer, examinons un cas qui ne se présente jamais, celui où la vitesse seule serait connue, cet examen va jeter un nouveau jour sur tout ce qui précède.

I. On demande quels sont la *distance* et le *temps* d'une planète dont la *vitesse* est la moitié de celle de Mercure.

Si nous nous rappelons que, dans la formule :

$$V = \frac{1}{\sqrt{D}} = \frac{1}{\sqrt[3]{T}}$$

le dénominateur de la fraction qui exprime la vitesse est à la fois la *racine carrée* de la distance et la *racine cubique* du temps, le problème est résolu aussitôt qu'énoncé.

En effet $\sqrt{D} \times \sqrt{D} = D$, puisque la racine carrée d'un nombre est le chiffre qui, multiplié une fois par lui-même, reproduit ce nombre; et d'un autre côté $\sqrt[3]{T} \times \sqrt[3]{T} \times \sqrt[3]{T} = T$, puisque racine cubique d'un nombre est le chiffre qui multiplié deux fois par lui-même, reproduit ce nombre. Ici la vitesse est :

$$V = \frac{1}{2}$$

Fraction dans laquelle le même dénominateur 2 est à la fois la racine carrée de la distance D, et la *racine cubique* du temps T que nous cherchons. Dès lors :

La distance $D = 2 \times 2$ dont le produit est 4.

Et le temps $T = 2 \times 2 \times 2$ dont le produit est 8.

La distance demandée est donc 4 fois plus grande que celle de Mercure, et le temps 8 fois plus long que celui de cette même planète. C'est ce que confirment la distance et le temps de la planète Mars.

II. On veut savoir quels sont la distance D et le temps T d'une planète dont la vitesse est le tiers de celle de Mercure.

La question nous apprend que la vitesse $V = \frac{1}{3}$; sous la dictée du raisonnement, nous écrivons sans hésiter :

$$D = 3 \times 3 = 9$$
$$T = 3 \times 3 \times 3 = 27$$

Telle est la distance, tel est le temps de *Maximiliana*, dont la vitesse n'est que le tiers de la vitesse de Mercure.

III. Pour une planète dont la vitesse $V = \frac{1}{7}$ on trouve :

$$D = 7 \times 7 = 49$$
$$T = 7 \times 7 \times 7 = 343$$

Ce qui rappelle la distance et le temps d'Uranus.

Inutile de citer de nouveaux exemples. Il n'y a pas besoin d'être un grand algébriste pour voir qu'ils donneraient toujours des résultats mathématiquement exacts, puisque toujours la *racine carrée* de la distance est égale à la *racine cubique* du temps. Si quelqu'un en doutait encore, il trouverait une preuve sans réplique dans ce dernier paragraphe.

PREUVE ARITHMÉTIQUE DES OPÉRATIONS

Que nous apprend la troisième loi de Képler? Elle nous révèle que, pour toutes les planètes, le *carré* du temps de la révolution est égal au *cube* de la distance au Soleil. En d'autres termes, $T^2 = D^3$. Cette loi est d'une exactitude rigoureuse; elle est sans cesse confirmée par les faits d'observation. Elle va donc nous fournir un *criterium* qui nous permettra de vérifier nos opérations et d'en faire la preuve.

1. Prenons d'abord Mars pour exemple, nous avons :

$$T = 8$$
$$D = 4$$

Élevons le temps T au carré, nous trouvons :

$T^2 = 8 \times 8$ dont le produit est 64.

Élevons la distance D au cube, il vient :

$D^3 = 4 \times 4 \times 4$ dont le produit est encore 64.

Le temps T élevé à la seconde puissance est donc ici, comme cela doit être, égal à la distance D élevée à la troisième puissance.

Mais la *racine cubique* de 8 est 2, nous pouvons donc réprésenter le temps T, sous cette autre forme :

$$T = 2.2.2 = 8$$

D'un autre côté, la *racine carrée* de 4 est encore 2, nous pouvons donc représenter la distance D sous cette nouvelle forme :

$$D = 2.2 = 4$$

Élevons maintenant le temps T au carré et la distance D au cube, nous aurons :

$$T^2 = 2.2.2 \times 2.2.2 \text{ dont le produit est } 64\,;$$
$$D^3 = 2.2 \times 2.2 \times 2.2 \text{ dont le produit est encore } 64.$$

Cette fois encore, nous trouvons que le *carré* du temps est égal au *cube* de la distance; nous trouvons de plus, que la *racine cubique* du temps est égale à la *racine carrée* de la distance. Or, toutes les opérations que nous avons faites reposent sur ce dernier principe que nous venons de démontrer. Il est donc prouvé qu'elles sont justes.

II. Si nous considérons *Maximiliana* dont la distance est 9 et le temps 27, et si nous remplaçons le premier chiffre par sa *racine carrée* et le second chiffre par sa *racine cubique*, nous avons pour la distance D et le temps T de cette planète :

$$T = 3.3.3 = 27$$
$$D = 3.3 = 9$$

Formant le carré du temps et le cube de la distance, on a :

$$T^2 = 3.3.3 \times 3.3.3, \text{ dont le produit est } 729\,;$$
$$D^3 = 3.3 \times 3.3 \times 3.3, \text{ dont le produit est encore } 729.$$

En effet, 27×27, carré du temps $= 9 \times 9 \times 9$ cube de la distance, et dans les deux cas le produit est 729.

Avec des chiffres différents, il en serait de même pour toute autre planète.

III. Nous allons déduire de là un nouveau théorème qui s'applique à l'arithmétique aussi bien qu'à l'astronomie :

« Étant donnés deux nombres tels que le carré de l'un soit égal au *cube* de l'autre, la *racine cubique* du plus grand sera égale à la *racine carrée* du plus petit. »

Ce théorème étant déjà démontré par les chiffres qui précèdent, il ne nous reste plus qu'à la reproduire sous la forme algébrique. La notation littérale possède ce grand avantage qu'elle seule peut démontrer immédiatement les vérités générales. En remplaçant des chiffres par des lettres, qui, dans les conditions du problème, représentent tous les nombres possibles, elle met d'autant mieux en saillie les rapports, c'est-à-dire l'élément qu'il faut connaître. Soit donc deux quantités T et D, telles que $T^2 = D^3$; en prenant la *racine cubique* de T et en prenant la *racine carrée* de D, nous aurons d'abord :

$$T = \sqrt[3]{T} \,.\, \sqrt[3]{T} \,.\, \sqrt[3]{T} \,.$$

$$D = \sqrt{D} \,.\, \sqrt{D} .$$

Maintenant, si nous élevons T au carré et D au cube, nous avons :

$$T^2 = \sqrt[3]{T} . \sqrt[3]{T} . \sqrt[3]{T} \times \sqrt[3]{T} . \sqrt[3]{T} . \sqrt[3]{T} .$$

$$D^3 = \sqrt{D} . \sqrt{D} \times \sqrt{D} . \sqrt{D} \times \sqrt{D} . \sqrt{D} .$$

Il suit de là que le *carré* du nombre T est égal à sa *racine cubique* portée à sa sixième puissance, et que le *cube* du nombre D est égal à sa *racine carrée* portée aussi à la sixième puissance. Ce qui s'écrit ordinairement ainsi :

$$T^2 = \left(\sqrt[3]{T}\right)^6$$

$$D^3 = \left(\sqrt{D}\right)^6$$

Mais la première condition du problème veut que le *carré* du plus grand nombre T soit égal au *cube* du plus petit nombre D. De ce que $T^2 = D^3$, il résulte donc que :

$$\left(\sqrt[3]{T}\right)^6 = \left(\sqrt{D}\right)^6$$

Or, deux quantités sont égales lorsque ayant été multipliées par elles-mêmes un même nombre de fois, elles donnent deux produits égaux. Supprimant donc de part et d'autre l'exposant 6 et les deux crochets, devenus inutiles puisque la multiplication doit disparaître, il reste :

$$\sqrt[3]{T} = \sqrt{D}$$

Donc, en dernière analyse, la *racine cubique* du plus grand nombre T est égale à la *racine carrée* du plus petit nombre D. Ce qu'il fallait démontrer.

En Astronomie, le plus grand nombre T est le temps de la révolution, et le plus petit nombre D est la distance au Soleil.

L'observation établit que, pour toutes les planètes, le *carré* du temps de révolution est égal au *cube* de la distance au Soleil, et le raisonnement démontre que la *racine cubique* du temps est égale à la *racine carrée* de la distance.

Voilà pourquoi le temps = 8, lorsque la distance = 4. L'un de ces deux chiffres implique l'autre, puisque le carré du plus grand doit être égal au cube du plus petit. Mais de ce que $8^2 = 4^3$, il résulte que $\sqrt[3]{8} = \sqrt{4} = 2$. En effet :

$$8^2 = (2.2.2)(2.2.2) = (2)^6 = 64$$
$$4^3 = (2.2)(2.2)(2.2) = (2)^6 = 64$$

Par la même raison, on trouvera toujours :

Un temps = 27, avec une distance = 9 ; un temps 64, avec une distance 16; un temps 125, avec une distance 25; un temps 216, avec une distance 36; un temps 343, avec une distance 49; un temps 512, avec une distance 64; un temps 729, avec une distance 81, et ainsi de suite.

Toujours le temps sera égal à la distance multipliée, soit par la *racine carrée* de la distance, soit par la *racine cubique* du temps; toujours la distance sera égale au temps divisé, soit par la *racine cubique* du temps, soit par la *racine carrée* de la distance. On ne saurait trop insister sur ce rapport constant, sur cette symétrie harmonieuse, qui simplifie la partie la plus importante de l'Astronomie mathématique, et qui en fait quelque chose de si clair, de si lumineux, que tout le monde peut voir et comprendre.

TEMPS.	$T = D.\sqrt{D}$	ou $T = D.\sqrt[3]{T}$
DISTANCE.	$D = \frac{T}{\sqrt{D}}$	ou $D = \frac{T}{\sqrt[3]{T}}$
VITESSE.	$V = \frac{1}{\sqrt{D}}$	ou $V = \frac{1}{\sqrt[3]{T}}$

Quel est l'ignorant, homme ou femme, qui, de soi-même ou avec le secours d'un tiers, ne puisse pénétrer le sens de ces trois petits symboles et se les approprier en quelques jours, sinon en quelques heures? Et, pour prix d'un si mince effort, la connaissance des lois qui règlent la marche des corps célestes!

CONCLUSION

La méthode nouvelle que je viens d'exposer montre combien se trompent ceux qui affirment avec dédain que l'Astronomie sera toujours une science inaccessible à l'intelligence du *vulgaire*. A part quelques questions spéciales, qui n'intéressent guère que les gens du métier, et qui souvent donnent lieu à de très-vives controverses, l'étude de l'Astronomie a de l'attrait pour tout le monde, et chacun peut l'aborder sans être mathématicien de naissance.

Les lois du système planétaire sont simples comme tout ce que fait la nature. Elles sont si simples, que, rien qu'avec le secours d'un calcul élémentaire, on peut comprendre, vérifier, mettre à profit la plus importante, la plus certaine de toutes.

Une fois qu'il a la clé de la méthode, le premier venu est en état de résoudre des problèmes que de savants algébristes osent seuls affronter aujourd'hui. Parmi les Ouvriers que les durs labeurs de la journée n'ont pas empêché de suivre le cours d'Astronomie populaire du XIe arrondissement, je connais des *ignorants* pour qui c'est un jeu de résoudre des problèmes qui épouvanteraient les élèves les plus forts, si, dans les conditions actuelles de l'enseignement, il fallait répondre immédiatement et sans prendre la plume.

Parmi les gens du monde, je pourrais citer des femmes, des jeunes filles qui souriraient si un algébriste croyait les embarrasser en leur demandant la distance au Soleil et la durée de la révolution d'une planète dont la vitesse serait 10 fois plus petite que celle de Mercure. « Cette planète, diraient-elles aussitôt, serait 100 fois plus éloignée du Soleil que ne l'est Mercure; et il lui faudrait 1,000 fois autant de temps qu'à Mercure, pour accomplir sa révolution autour du Soleil.» Un directeur d'observatoire, ne répondrait pas mieux.

Si cette planète existe, et si jamais on la découvre, on lui trouvera une distance de 1,500 millions de lieues et une révolution de 240 ans. Ce que nous dirait encore une jeune fille après avoir effectué les multiplications, et ce qu'affirmerait le Bureau des longitudes avec elle.

Depuis le commencement du siècle plus de quatre-vingts planètes télescopiques ont été successivement découvertes par de patients observateurs, et toujours la troisième loi de Képler s'est vérifiée. Toujours on a pu prédire à coup sûr la durée de la révolution, dès que la distance a été connue. Toujours enfin on a trouvé que le *carré* du temps est égal au *cube* de la distance; ce qui explique pourquoi la *racine cubique* de la révolution annuelle est égale à la *racine carrée* de la distance au Soleil.

Tant il est vrai que, loin d'être abandonnés au hasard, les mouvements des planètes obéissent à une Loi Suprême, dont l'action s'étend sur tous les corps qui peuplent les profondeurs infinies de l'espace. De là, les rapports harmonieux qui dominent dans l'ordonnance de l'univers; de là, ce Concert des Astres dont les accords enchanteurs captivaient l'esprit de Képler. Et doit-on s'étonner si l'homme de génie qui, le premier, a su observer ces accords, croyait parfois, les entendre!... Doit-on lui en vouloir, si, dans ses heures d'enthousiasme et de lyrisme, il a émis quelques idées aventureuses sur la *gamme* de cette Musique Céleste, sur la *tonalité des sons* de cette Divine Mélodie?

Les trois lois de Képler sont la base et la clef de voûte de la science astronomique. Il fallait être un grand géomètre, et quelque chose de plus encore, pour faire une pareille découverte; il ne faut que du bon sens pour la comprendre. Ce n'est donc pas dans le seul but d'en parler que j'ai signalé les heureux résultats qu'on obtient avec la nouvelle méthode d'enseignement. J'ai voulu rassurer un grand nombre de personnes avides de connaître l'Astronomie, mais qui n'osent pas l'étudier parce qu'on leur répète sans cesse que cette belle science est au-dessus de leur portée. C'est pour les détromper et pour leur donner du courage qu'ont été faits le *Pantographe,* l'*Alphabet* et le *Clavier* astronomiques; c'est à elles que je les dédie.

Il y aurait de l'ingratitude à ne pas ajouter ici que, malgré certaines résistances qui jusqu'à ce jour avaient réussi à tenir mes travaux en échec, le Jury d'examen a jugé convenable d'admettre à l'exposition le *Pantographe Astronomique* avec l'*Alphabet* qui en est le complément. Le Jury ferait-il plus encore?... Lui seul le sait. Mais si, dans les nobles combats de cette grande mêlée internationale, où le sang des peuples n'est pas répandu, il était permis de parler avec la franchise d'un lutteur, je dirais que déjà des juges compétents ont reconnu qu'en ce qui concerne l'enseignement astronomique, les nations rivales n'ont rien de plus simple ni de plus utile à opposer. Défi audacieux, mais sans inimitié, qui ne porte, d'ailleurs, aucune atteinte à la liberté du Jury et ne préjuge en rien les arrêts suprêmes de l'opinion publique.

FIN.

ELÉMENTS

DU

SYSTÈME PLANÉTAIRE

ÉLÉMENTS DU SYSTÈME PLANÉTAIRE (IIe tableau)

NOMS	DISTANCES EN LIEUES	TEMPS DES RÉVOLUTIONS sidérales en jours moyens	TEMPS DES RÉVOLUTIONS sidérales en années	VITESSES EN LIEUES par seconde
Mercure. .	14.709.878 lieues	87.9692	0.2408	12.3800
Vénus. . .	27,500,000	224.7007	0.6152	9.0569
Terre . . .	38,000.000	365.2563	1.0000	7.7024
Mars. . . .	58.000.000	686.9796	1.8808	6.2399
Maximiliana.	132.388.900	2.309.9785	6.5243	4.1266
Jupiter . .	200.000.000	4.332.5848	11.8062	3.3769
Saturne . .	366.000.000	10.759.2198	29.4564	2.4939
Uranus . .	737.000.000	30.686.8208	84.0145	1.7586
Neptune. .	1.240.000,000	60.126.7200	164.6151	1.4054

En chiffres ronds, la plus petite distance au Soleil, celle de Mercure, est de 15 millions de lieues, et la plus grande distance, celle de Neptune, dépasse 1 milliard de lieues. La révolution la plus courte est de 3 mois et la plus longue atteint presque 165 ans. La vitesse la plus rapide est de plus de 12 lieues par seconde, et la plus petite vitesse de 1 lieue et demie.

On croit, en outre, que le Soleil et tout le système

planétaire avec lui se transporte dans l'espace; la vitesse de ce mouvement général serait de 2 lieues par seconde.

ÉLÉMENTS DU SYSTÈME PLANÉTAIRE (IIIe tableau)

NOMS	EXCENTRICITÉ DE L'ORBITE	INCLINAISON DE L'ORBITE SUR L'ÉCLIPTIQUE	DURÉE DE LA ROTATION EN HEURES	NOMBRE DE SATELLITES
Mercure . . .	0.2056	7°. 0'. 8"	24^{h}. 5^{m}	0
Vénus	0.0069	3.23.35	23.21	0
Terre.	0.0167	0. 0. 0	24	1
Mars	0.0932	1.51. 2	24.37	0
Maximiliana.	0.1202	3.28.10	. . . . .	0
Jupiter	0.0482	1.18.40	9.55	4
Saturne. . . .	0.0559	2.29.28	10.30	8 et un anneau
Uranus	0.0466	0.46.30	. . . . .	8
Neptune . . .	0.0087	1.46.59	. . . . .	1
Soleil.	. . . . . .	0. 0. 0	612 ou 25 jours $\frac{1}{2}$	. . .
Lune	0.0548	5. 8.48	703 ou 29 jours $\frac{1}{2}$	0

ÉLÉMENTS DU SYSTÈME PLANÉTAIRE (IVe tableau)

NOMS	DIAMÈTRES CELUI DE LA TERRE ÉTANT 1	VOLUMES CELUI DE LA TERRE ÉTANT 1	MASSES CELLE DE LA TERRE ÉTANT 1	DENSITÉS CELLE DE LA TERRE ÉTANT 1
Mercure	0.38	0.05	0.08	1.51
Vénus	0.95	0.87	0.86	0.99
Terre	1.»»	1.»»	1.»»	1.»»
Mars	0.54	0.16	0.12	0.78
Maximiliana . . .	. . . . . .	. . . . . .	. . . . . .	. . . .
Jupiter.	11.16	1.389.99	337.17	0.26
Saturne	9.53	864.70	400.81	0.43
Uranus. . . , .	4.22	75.25	17.21	0.23
Neptune	4.44	85.61	20.23	0.24
Soleil	408.56	1,279.266.80	354.030.»»»	0.28
Lune.	0,27	0.02	0.013	0.65

ÉLÉMENTS DU SYSTÈME PLANÉTAIRE (Ve Tableau)

NOMS	LONGITUDE DU PÉRIHÉLIE au 1er janvier 1850	LONGITUDE MOYENNE pour la même époque	LONGITUDE du nœud ascendant
Mercure . .	75°.7′.14″	327°.15′.20″	46°.33′.9″
Vénus . . .	129.27.15	245.33.15	75.19.52
Terre . . .	100.21.22	100.46.44	0.0.0
Mars. . . .	333.17.54	83.40.31	1.51.2
Maximiliana[1].	258.22.17	192.17.38	158.53.48
Jupiter. . .	11.54.53	160.1.20	1.18.40
Saturne . .	90.6.12	14.50.41	2.29.28
Uranus. . .	168.16.45	28.26.42	0.46.30
Neptune . .	47.14.37	335.8.59	1.46.59

1 Pour *Maximiliana*, l'époque est plus récente, 18 mars 1861.

COMÈTES PÉRIODIQUES (VIe Tableau)

Un grand nombre de comètes parcourent le système planétaire en tous sens, sous toutes les inclinaisons, à toutes les distances possibles. Quand ils approchent du Soleil, ces astres chevelus, encore à l'état de gaz, mais soumis, comme tous les autres, aux lois de l'attraction, étalent dans le ciel leurs traînées lumineuses, objet d'épouvante autrefois comme si elles annonçaient l'incendie de l'univers.

Le retour de quelques-unes seulement a pu être constaté; on leur a donné le nom des astronomes qui les ont découvertes ou qui les premiers ont annoncé leur retour. Elles ne sont encore qu'au nombre de six.

NOMS	TEMPS des RÉVOLUTIONS en années	INCLINAISON DES ORBITES sur l'Écliptique	EXCENTRICITÉ des ORBITES	LONGITUDE du PÉRIHÉLIE	LONGITUDE du nœud ascendant
Halley . .	76.08	17°.47′	0.97	304°.30′	55°.6′
Encke . .	3.30	13.8	0.85	157.51	334.23
Gambart .	6.62	12.34	0.76	109.2	245.55
Faye . . .	7.44	11.22	0.55	49.43	209.31
Brorsen. .	6.55	29.49	0.80	115.44	101.44
D'Arrest .	6.44	13.56	0.66	322.1	148.27

De ces six comètes, une seule, celle d'Halley est à longue période et circule dans un sens opposé à la rotation du Soleil. Peut-être gravite-t-elle autour du centre d'un autre soleil, avec le Soleil qui domine et qui entraîne notre système. Les cinq autres comètes sont à courte période, et se transportent autour de notre Soleil dans des orbites relativement beaucoup plus petites et avec des directions semblables à celles des planètes.

D'autres comètes encore que la comète de Halley voyagent d'un système planétaire à un autre, car chaque étoile est elle-même un soleil autour duquel se meuvent des cortéges de planètes qui sont autant de terres habitables.

Certaines étoiles tournent également, comme de simples planètes, autour d'une étoile principale, au nombre de deux, de trois, de quatre ou même plus; ce sont les étoiles doubles, triples, quadruples, etc. Elles représentent autant de systèmes planétaires, se transportant autour d'un soleil supérieur qui les subjugue par de puissants attraits.

Enfin une multitude de nébuleuses, semblables à celle qui enveloppe notre soleil, peuvent être considérées comme des mondes en voie de formation ou à la veille de se métamorphoser peut-être.

Merveilleux spectacle qui nous montre le mouvement et la vie partout répandus au sein de l'immensité. Manifestation sublime d'une force génératrice sans limite qui émane d'une intelligence infinie, c'est-à-dire de Dieu lui-même!

TABLE DES MATIÈRES

TROISIÈME PARTIE

ÉLÉMENTS DU SYSTÈME PLANÉTAIRE

Paris. — Imprimerie Poitevin, rue Damiette, 2 et 4.

DU MÊME AUTEUR :

Astronomie nouvelle.

Notice sur la Lune.

Notice sur les déviations du pendule.

Conférences Astronomiques.

Lettre à l'Académie.

Réponse à un Savant.

Camarilla scientifique.

Réponse à M. Leverrier.

Observatoire portatif (appareil).

Pantographe Astronomique et Géodésique (id.)

Alphabet Astronomique (id.).

PARIS. — IMPRIMERIE [illegible], RUE [illegible], 2 ET 4.

www.ingramcontent.com/pod-product-compliance
Ingram Content Group UK Ltd.
Pitfield, Milton Keynes, MK11 3LW, UK
UKHW012042240726
13965UKWH00003B/985

9 782013 051910